室内家居风格
全/案/设/计

中式风格

李江军 主编

机械工业出版社
CHINA MACHINE PRESS

本书是从空间到细节全面解读中式家居风格设计的指导书和灵感集。通过分析中式家居风格设计的发展，总结中式家居风格空间、色彩、材料的 3 大特征，剖析中式家居风格设计中家具陈设、灯饰搭配、布艺织物、软装饰品 4 大软装元素的应用与搭配，阐述客厅、过道、卧室、书房、餐厅、茶室、卫浴间 7 类典型空间的中式风格设计技巧和软装布置灵感，旨在以深入浅出的形式和内容，让读者轻松掌握中式风格的设计技巧，丰富设计灵感，打造理想舒适并具个性的家居生活。

图书在版编目（CIP）数据

室内家居风格全案设计 . 中式风格 ／ 李江军主编 ． －北京 ：机械工业出版社，2019.5
ISBN 978－7－111－62722－7

Ⅰ ． ①室… Ⅱ ． ①李… Ⅲ ． ①住宅－室内装饰设计Ⅳ ． ① TU241
中国版本图书馆 CIP 数据核字 (2019) 第 087761 号

机械工业出版社（北京市百万庄大街 22 号 邮政编码 100037）
策划编辑：赵 荣 责任编辑：赵 荣 张维欣
责任校对：白秀君 封面设计：鞠 杨 责任印制：孙 炜
北京联兴盛业印刷股份有限公司印刷
2019 年 6 月第 1 版第 1 次印刷
210mm×285mm 11.5 印张 99 千字
标准书号：ISBN 978－7－111－62722－7
定 价：69.00 元

凡购本书、如有缺页、倒页、脱页、由本社发行部调换

电话服务
服务咨询热线：010－88361066
读者购书热线：010－68326294

网络服务
机工官网：www.cmpbook.com
机工官博：weibo.com/cmp1952
金书网：www.golden-book.com
教育服务网：www.cmpedu.com

封面无防伪标均为盗版

前言
FOREWORD

Chinese Style

风格的起源就是设计的起源，这是对室内设计艺术本质的揭示。所有室内设计风格均由一系列特定的硬装特征和软装要素组成，其中的一些特征与要素具有与生俱来的标志性符号，是人们识别和表现它们的依据，比如特定的图案或者饰品等。近年来国内流行最广的是新中式风格和北欧风格。新中式风格是在传统中式风格基础上演变的，空间装饰多采用简洁、硬朗的直线条。例如直线条的家具上，局部点缀富有传统意蕴的装饰，如铜片、铆钉、木雕饰片等。材料上在使用木材、石材、丝纱织物的同时，还会选择玻璃、金属、墙纸等工业化材料。北欧风格的主要特征是极简主义以及对功能性的强调。在北欧风格的空间里，不会有过多的修饰，有的只是干净的墙面以及简单的家具，再结合粗犷线条的木地板，以最为简单纯粹的元素营造出干净且充满个性的家居空间。在空间格局方面，强调室内空间宽敞、内外通透，以及自然光引入，并且在空间设计中追求流畅感。顶面、墙面、地面均以简洁的造型、纯洁的质地、细致的工艺为主要特征。

本丛书分为《室内家居风格全案设计 中式风格》和《室内家居风格全案设计 北欧风格》两册。书中引入了大量国内外最新案例，图文并茂地剖析了两种风格的发展史、装饰特征、配色重点以及各种氛围的配色方案、装饰材料的选择与应用、室内软装细节的陈设布置。本书内容通俗易懂，摒弃了传统风格类图书诸多枯燥的理论，以图文形式给读者上了一堂颇具深度的装饰课。即使对没有设计基础的装修业主来说，读完本书后，也基本能对自己所喜爱的风格有所了解掌握。

目录
CONTENTS

第四章

中式风格功能空间设计

Chinese
Style

Design

1

中式风格设计

定义与类型

01

中式风格
设计理念

中式风格是指具有中国文化的室内装饰风格。由于中华民族的历史十分悠久，因此中式风格凝聚着历代人民的智慧和汗水。庄重与优雅并存是中式风格的主要特征，中国传统观念讲究平和中正，在家居和建筑中一般以两两对称、四平八稳的布局设计为主，体现出中国人严谨的伦理观念。而且中式家居环境讲究主次分明、追求合理的空间布局和家具摆设，具有历史沉淀般的庄重和优雅。此外，中式风格的家居空间非常强调融于自然，且注重人与空间的关系。在这种追求人与自然融合的理念下，外部环境可视为室内空间的延伸，让人在家居空间中也能感受到室外的自然景致。

【共向设计】

△ 中式风格强调人与自然融合的设计理念

由于中国地大物博，地域气候划分明显，因此其建筑设计具有浓郁的地域特色，但都很讲究色彩搭配。如江南水乡的白墙、灰瓦，能让家居与山明水秀的自然环境完美交融。而北方的建筑多色彩浓艳、对比强烈，如红墙黄瓦的北京故宫，红色的院墙、金光闪闪的屋顶，再搭配蔚蓝色的天空，强烈的视觉效果令人难忘。

△ 白墙灰瓦的江南水乡建筑

△ 红墙黄瓦的北方传统建筑

02

中式风格
室内装饰的发展

室内装饰艺术设计和民族文化有着密不可分的联系，二者相互包容又相互体现。中式风格通过历史的延续以及地域文脉的多元化，使室内环境呈现出民族文化渊源的形象特征，而且在数千年的时间里历尽风雨，牢牢根植于中国人的内心世界。

明朝时期的中式风格家居整体色彩搭配以淡雅为主，室内格局比较简单，而且装饰搭配与空间的对比不会太强烈，含有非常浓厚的中国哲学意味。清朝是中式风格家居设计的鼎盛时期，其设计特点是通过巧妙的色彩搭配和饰品摆设获得理想的空间装饰效果。需要注意的是，现代家居概念里的中国风格并非完全意义上的复古明清风格，而是吸取中国古典室内风格的特征，表达出清雅含蓄、端庄丰华的精神境界。

【殷艳明设计】

【殷艳明设计】

△ 明清装饰风格的特点是彩绘和雕饰

在中国传统文化复兴的新时期，伴随着国力的增强以及民族意识的复苏，逐渐成熟的新一代设计队伍和消费市场孕育出了含蓄秀美的新中式风格。新中式风格对古典中式风格的继承并不是简单地抄袭拓写，在选取古典元素构筑及装饰家居时，更多地利用了现代工艺以及手法，把传统装饰的结构和形式通过重组，以一种现代民族特色的标志出现。

新中式风格不仅摒弃了传统中式风格中诸多不实用的装饰设计，而且还满足适应了现代人的使用需求和审美习惯。因此，新中式风格可以说是传统文化的全新回归，利用新材料、新形式将古典美学以现代手法进行全新诠释，使家居空间呈现出令人痴迷的风雅意境。

新中式风格继承了明清时期家居设计理念的精华，表达了现代人对历史和经典的敬仰。此外，还将传统中式风格中的经典元素提炼和丰富，并且改变了传统中式风格布局内等级、尊卑等封建思想，给家居环境注入了全新气息。

此外，新中式风格还会在一些细节上勾勒出儒教或禅宗的意境，完美地将中国人内在的禅意情结展露于家居装饰中。

【演点设计】

【宁洁设计】

△ 将白墙黑瓦的江南建筑以墙面装饰背景的形式进行表达

【郑树芬设计】

△ 传统家居中融入现代简练的手法，营造东方禅意生活

03

中式风格设计类型

+ 古典中式风格
+ 新中式风格

【殷艳明设计】

古典中式
风格

古典中式风格代表了中华民族传统文化的形象特征，在空间结构及组合方式上遵循均衡对称的原则、四平八稳的空间，反映了中国社会传统伦理的观念。古典中式风格是中国自古代以来逐步形成的装修风格。古风古韵的气质，最能体现中国传统文化的审美意蕴，并让东方文化在家居空间中得到活灵活现的洋溢与飘洒。古典中式风格一般以木材为主要材料，并且充分地利用了木材的物理性能，创造出独特的木结构或穿斗式木构，以木架构的形式显示居住者的成熟稳重，同时其正气威严的形象也得到了完美体现。古典中式风格善于运用如彩画、雕刻、书法工艺美术和家具陈设等艺术手段来营造空间意境。

【胡中维设计】

【殷艳明设计】

【清木环艺】

松鹤延年

⑤

⑥　【殷艳明设计】

⑦

⑧　【殷艳明设计】

⑨　【清大环艺】

⑩

古典中式风格

空间元素

1. 传统家具
2. 屏风
3. 镂空窗花
4. 挂落
5. 对称陈设布局

6. 手绘陶瓷摆件
7. 传统吉瑞图案
8. 宫灯
9. 木雕挂件
10. 传统题材装饰画

【大观·自成设计】

新中式
风格

新中式风格把传统中式风格的古典风范，与现代家居装饰的美学理念完美地结合在了一起。以现代人的审美和生活需求来打造富有传统韵味及现代时尚的空间，让传统文化艺术在现代家居装饰中得到延续。同时，新中式风格在家居装饰中所使用到的材质也越发多样化，现代材料的使用凸显了新中式风格的时代特征，也丰富了空间的艺术表现形式。

此外，新中式风格摒弃传统中式风格中复杂繁琐的部分进行局部设计，继承了传统中式风格中讲究空间层次的特点，并因其极强的现代美学理念和包容性，受到了越来越多的青睐。

新中式风格
空间
元素

【共向设计】

⑤ 【S.U.N 设计】

⑥ 【纳沃设计】

⑦ 【壹墅设计】

⑧

⑨ 【清大环艺】

⑩ 【香港万黄设计】

新中式风格

空间元素

1. 木格栅

2. 木线条勾勒顶面

3. 荷叶、金鱼造型壁饰

4. 茶文化摆件

5. 布艺硬包

6. 花鸟纹样

7. 现代装饰材料

8. 传统纹样波打线

9. 粗陶花器

10. 鸟笼

Chinese
Style

Design

2

中式风格设计
的装饰特征

01

空间特征

在中国传统家居文化中，非常重视空间的层次感和通透感，因此常通过窗格、屏风、博古架等元素进行分隔。有大而不空、显而不透、厚而不重等特点。

新中式风格整体的家居空间延续了传统中式风格的对称布局设计，但由于受到现代建筑形式和房型设计的影响，这种对称不再局限于传统的中式家居格局，而是在局部空间的设计上，以对称的手法营造出中式家居沉稳大方、端正稳健的特点。

【宁洁设计】

中西结合
的包容性

中式风格的家居文化有着极大的包容性，并且在现代技术和新观念的冲击下不断更新、拓展。现如今，国际家居设计界越来越重视中式元素的使用，说明了中式风格的家居文化在世界上有着举足轻重的地位。由于西方现代的钢木制作技术非常发达，并且注重实用性，因此将华美典雅的中国元素引用新式的制造工艺，以中西结合的形式，将中式风格的装饰理念诠释得淋漓尽致。

【石头兄弟设计】

△ 钢木结合的餐桌

【SUN设计】

△ 方圆哲学寓意的空间布局

【马克室内设计】

△ 直线条造型的家具

【殷艳明设计】

△ 左右对称摆设的单椅

【柏舍励创】

△ 现代材质在中式空间中的对称设计

端庄大方
的对称设计

所谓对称就是指以一个点或者一条线为中心,让其两边的形状和大小都统一。从古至今,中式风格都善于在家居空间中营造对称的视觉美感。无论在格局设计上,还是装饰品的布置摆放中,都能看到对称式设计的影子。对称式的家居设计不仅反映了中国人独有的平衡概念,而且还能加强家居环境的稳定感,给人以协调、舒适的视觉感受。

传统中式风格的移步换景往往是通过园林与室内的设计互动来体现，例如可以将窗户作为"画框"，将室外的美景变成室内的景致。此外，还可以通过更精致的设计，在客厅、餐厅、书房、茶室、卧室等小范围空间内实现移步换景的效果，让平淡的空间更显层次感。通常实现移步换景的设计元素有月亮门、木雕屏风、镂空窗花、博古架等。

移步换景
的设计特点

【奕尚空间设计】

△ 园林洞窗是中式空间中较为常见的一种设计元素

【名居设计】

△ 利用木花格作为隔断营造空间的层次感

【DY 空间设计】

△ 移步换景的设计手法让平铺直叙的空间顿添律动和韵味

注重空间
的留白

白不仅仅是一种颜色，更代表了一种家居设计理念。留白的设计手法能让家居空间产生空灵、安静、虚实相生的视觉效果。此外，留白也是中国传统国画中的精髓，给人以无尽的遐想空间。将留白手法运用在新中式家居的设计中，不仅可以减少空间中的严肃感，还能将观者视线顺利地转移到被留白包围的元素上，从而彰显了中式风格家居空间的设计美学理念。

【深点空间设计】

△ 白色与木色的搭配给空间带来淡淡的禅意

【徐树仁设计】

△ 留白的设计手法更能很好地表达空间意境

【圣易文设计】

△ 运用留白的艺术手法创造出有韵味的新中式空间

△ 白色墙面搭配棕色家具是传统中式风格最常见的配色方案

02

色彩特征

△ 绿植的色彩也是中式空间整体色彩的一部分

△ 同一色系的中式空间通过色彩明度变化增加层次感

传统中式风格家居空间的主色调常用深棕色与原木色作为搭配，例如白色墙面配合深棕色或原木色家具，为家居空间营造出古朴稳重的氛围。此外，中式风格家居空间的色彩明度对比较为强烈，而纯度对比则相对较弱。以暖色背景搭配冷色装饰物的手法，不仅能在整体空间上丰富色彩层次，而且还避免了因色调单一而产生的沉闷感。

需要注意的是中式风格的家居空间不宜搭配过多色彩，以免打破优雅的居家生活情调。家居中的绿色可以利用如吊兰、大型盆栽等绿植代替，既有装饰效果，又能在视觉上丰富空间里的色彩层次。

【GBD 杜文彪设计】

【易和极尚设计】

△ 相比于古典中式风格，新中式风格家居的色彩更为大胆和浓艳

随着时代的发展，中式家居的色彩搭配也愈发丰富。除了原木色、红色、黑色等传统色调外，也常见其他颜色的参与。如浓艳的红色、绿色，还有水墨画般的淡色，甚至还可以搭配浓淡相间的中间色，这些色彩都能为中式风格的家居起到调和的作用。

中式风格注重以留白的艺术装饰手法引发对空间的想象。在中式风格中运用白色是展现优雅内敛与自在随性格调的最好方式，而且白色调的灵活运用，是中式风格在色彩搭配上的最大突破。此外，还可利用亚麻、装饰绿植等原色作为空间的点缀色，让整个家居空间呈现出自然而通透的感觉。

【李益中空间设计】

△ 同一色系的中式空间通过色彩明度变化增加层次感

稳重典雅
的棕色

棕色是中式风格家居中常用的装饰色彩。不仅能为空间制造出古朴自然的视觉感受，而且由于和土地颜色相近，因此棕色还蕴藏着安定、朴实、沉静、平和、亲切等内涵气质，并且呈现出十足的亲切感。棕色在中式风格中的运用十分广泛，除了黄花梨、金丝楠木等名贵家具外，还有各种材料以及装饰摆件等都可见棕色的运用。

【几何空间设计】

C 43 M 43 Y 53 K 0　　C 70 M 76 Y 85 K 55　　C 65 M 46 Y 40 K 100

【深圳大集设计】

C 45 M 56 Y 61 K 0　　C 73 M 73 Y 58 K 18　　C 75 M 45 Y 65 K 0

【深点空间设计】

C 45 M 56 Y 61 K 0　　C 60 M 67 Y 72 K 15　　C 0 M 20 Y 60 K 20

【陈君／顾华 设计】

C 45 M 56 Y 61 K 0　　C 73 M 73 Y 58 K 18　　C 75 M 45 Y 65 K 0

笔墨清香
的黑色

黑色在色彩系统中属于无彩中性色，其特点恰好与儒家的中庸之道相契合，人们对黑色的崇尚蕴含着随和与宽容等心态特点。黑色在中国历史上曾有过崇高的地位，这不仅由于受到先秦文化的影响，同时也与中国以水墨画为代表的独特审美情趣有关。在新中式风格的空间中，黑色的运用有助于点缀色或饰品的展示，这种无限包容性使其更具深邃的魅力。

【共向设计】

C 0 M 0 Y 0 K 100　　　　　C 41 M 47 Y 57 K 0

【沃屋设计】

C 0 M 0 Y 0 K 100　　　　　C 38 M 31 Y 38 K 0

C 0 M 0 Y 0 K 100　　C 2 M 20 Y 60 K 20　　C 50 M 28 Y 25 K 0

【戴勇设计】

C 0 M 0 Y 0 K 100　　　　　C 61 M 69 Y 66 K 16

【吉祥·友联设计】

C 46 M 88 Y 80 K 15　　　　C 60 M 57 Y 56 K 5　　　　C 0 M 20 Y 60 K 20

吉祥喜庆
的中国红

红色是最具中式特色的色彩，而且其使用的历史十分悠久，早在周朝时期红色便开始盛行，又称其为瑞色、绛色。现如今，红色已经成为中式祥瑞色彩的代表，且在中式家居的设计领域中应用极为广泛。在新中式风格的家居中红色宜作为空间的点缀色，如桌椅、抱枕、床品、灯具，都可以使用不同明度和纯度的红色系。如能加以点缀浅棕作为搭配，则能让家居空间更显柔和，而且还为热烈欢庆的空间制造出沉稳厚重的感觉。

【戴勇设计】

【天观·自成设计】

C 22 M 69 Y 52 K 0

C 33 M 70 Y 53 K 0

C 30 M 90 Y 90 K 0

C 69 M 68 Y 63 K 18　　C 0 M 0 Y 0 K 100　　　　C 40 M 38 Y 37 K 0　　C 0 M 0 Y 0 K 100　　　　C 48 M 55 Y 58 K 0　　C 66 M 69 Y 65 K 19

【PCD 品仓设计】

| C 18 M 25 Y 91 K 0 | C 89 M 65 Y 89 K 45 | C 0 M 0 Y 0 K 100 |

富丽堂皇
的黄色

由于黄色与金黄同色，而且被视为吉利、喜庆、丰收、高贵的象征。因此，自古以来中国人对黄色有着特别的偏爱，所以黄色也自然而然地被广泛地应用于中式风格的家居色彩搭配中。此外，黄色系在中国古代是皇家的象征，且象征着财富和权力，是尊贵和自信的色彩。鲜亮的黄色体现出尊贵之气，虽然鲜亮但却并不浮夸，因此能很好地打破中式风格家居环境的沉静。

【GND 设计】

| C 21 M 15 Y 90 K 0 | C 65 M 57 Y 45 K 0 | C 0 M 0 Y 0 K 100 |

【柏舍励创】

| C 15 M 15 Y 82 K 0 | C 41 M 32 Y 27 K 0 | C 87 M 63 Y 45 K 0 |

材料特征

03

传统中式风格家居设计所运用的材料一般以木质为主，多采用酸枝木或大叶檀等高档硬木。不仅讲究雕刻彩绘、造型典雅，而且还利用木材的物理性能创造出了独特的木结构或穿斗式结构。

新中式风格不仅具有极强的现代美学理念以及包容性，而且还以对传统经典的深刻理解为基础，将现代材料和传统的中式元素有机合理地融合在一起，让传统艺术在现代家居装饰中得到传承。新中式风格在家居装饰中所使用到的材料比传统中式风格更为丰富，除了木材、石材、丝纱织物等传统材料，还会使用如玻璃、镜面、金属、树脂、新型纤维等现代新型材料。

增强柔和度
的布艺硬包

【徐树仁设计】

△ 刺绣硬包蕴含浓郁的东方风情

为新中式风格的家居搭配布艺硬包，不仅可以增添其空间的舒适感，还能在视觉上增加空间的柔和度。此外，还可在新中式风格的空间中使用刺绣硬包。刺绣所带来的美感，积淀了中国几千年的文化传统，以流畅的线条勾勒花纹的外形，搭配高超的绣花技术，再经过科学的设计，不仅实用且大气美观。刺绣硬包饱含着东方沉淀与古韵风情，让现代人在繁忙的都市生活里得到一丝心灵慰藉。

【戴勇设计】

△ 中式风格卧室床头墙适合使用中性色的硬包

【SUN设计】

△ 中式风格卧室床头墙适合使用中性色的硬包

［共向设计］

制造光影交错
的木格栅

中式风格家居空间的隔断不一定要用砖墙、玻璃或水泥墙，
如果偏爱木材的温润质地，那么选择木格栅作为隔断的方
式非常适合中式风格的空间。相对于传统屏风而言，木格
栅更具通透效果，在光与影的变幻交错间，让中式禅意的
韵味缓缓涌现。温润的触感、柔和的视觉效果，是木质带
给家居空间无可比拟的感受。

木格栅在空间中的使用，给人以回归自然的家居体验，在
保证使用功能的同时，还为新中式风格的家居空间增添了
视觉上的美感享受。

［共向设计］

［刘卫军设计］

△ 木格栅实现空间处处有景，移步换景的独特效果

△ 木格栅的大量运用，起到分隔和引导空间延续的同时，恰到好处地产生光影效果，
营造空间的趣味性

十

突破传统家居
装饰的花格

花格是中式风格空间中常用到的工艺材质。不仅造型美观，可以单纯地作为家居装饰，将其运用到书柜、橱柜等家具上作为柜门还能起到透气的效果。此外，花格还可以作为空间隔断，既不阻碍采光和视觉延伸，而且也具有很好的装饰效果，突破了中国传统风格中沉稳有余，活泼不足等常见的弊端。花格有实木雕刻和密度板雕刻两种，实木相比于密度板更加自然生动，价格上也会略高一些。

【圣易文设计】

△ 花格贴茶镜的墙面造型

【名居设计】

△ 花格在空间中起到阻隔视线的作用

【创域设计】

△ 花格具有很好的装饰效果

表现古典特色
的瓷砖拼花

中式风格空间可以在地面上铺贴梅花、云纹、回纹等极具中国古典特色的瓷砖，还可以采用一些汉字来彰显文化、民族气息。有些中式空间的地面拼花用同型图案较多，特别是圆形更加难以施工，因此通常需要定做。

简单的做法是在电脑上把大样放出来，然后按度数分割大样的方式进行铺贴，这样可以有效防止铺贴误差。此外，设计师在施工之前应先把家具的尺寸和位置确定好，再根据平面的布置来设计地面拼花。

△ 餐厅地面拼花与顶面造型相互呼应

△ 过道地面上的中式纹样瓷砖拼花

丰富层次感
的木线条

木线条能够完美地展现出新中式风格清雅大方的空间特点，从顶面造型到墙面的木线条装饰，足以为空间增添温馨自然的感觉。此外，新中式风格家居中的木线条摒弃了传统中式的复杂造型和装饰，因此整体上更加干净、利落。木线条可以买成品免漆的，但成品木线条在颜色上的选择较少，因此可以买半成品木线条，再进行刷漆上色处理。

【上海泓点装饰】

△ 同一面沙发墙上的多种装饰材料之间采用木线条收口

【宇洁设计】

△ 节奏排列的墙面呈现韵律美

【殷艳明设计】

△ 用深色木线条点缀白色顶面从而增加层次感，
是中式风格顶面常见的设计手法

散发古朴气质
的青砖

青砖色泽朴素、典雅大方，常给人一种宁静古朴的感觉，因此有着很好的装饰效果，同时它还具有很好的历史传承表达，因此非常适合运用在古典中式风格的空间里。青砖的透气性和吸水性极好，这样就保证了室内空气的平衡，并且青砖中还含有少量可以杀菌的硫黄，所以青砖称得上是一种养生环保的材料。此外，由于青砖制造过程工艺复杂、能耗高、产量小、成本高，难以实现自动化和机械化生产，所以价格要高于红砖。

△ 砖雕顾名思义指在青砖上雕出山水、花卉、人物等图案，是古建筑雕刻中很重要的一种艺术形式

△ 青砖铺贴的背景墙以青墨的色调、交错的韵律，很好地衬托出对称陈设的明式圈椅，散发着岁月清韵的弥香

Chinese
Style

Design

g

3

中式风格空间

软装元素

家具	灯饰	布艺	花艺	饰品

O1

家具陈设

传统中式
家具特征

明朝和清朝是中式家具工艺发展的顶峰，因此中式风格家具一般以明清时期为代表。明代家具造型洗练，不堆砌多余的设计，落落大方，形象浑厚，具有庄重、质朴的气质；在家具的做工上严谨精准、一丝不苟，呈现出优雅、不落俗套的艺术格调。清代家具的特点是品种丰富，装饰富丽豪华，而且由于吸收了西方文化，延伸出诸多形式的新型家具，使清式家具形成了有别于明式家具的鲜明特色。明式家具的质朴典雅，清式家具的精雕细琢，都包含了中国人的哲学思想及美学理念。

中式家具的摆放讲究严格有序，通常以正厅中轴线为基准，采用成组成套的对称方式摆放，展现出庄重、高贵的气场。在床具的搭配上，除实木榻之外，还可以选罗汉床、架子床等较为典型的中国古典式家具。另外，圈椅、屏风也是中式装修中经常用到的家具，且在造型上也有诸多变化。

△ 明式家具造型简洁，显得质朴典雅　　△ 清式家具注重精雕细琢，宛如一件艺术品

【奥讯设计】

新中式
家具特征

新中式风格家具在工艺上以现代人的需求为出发点，将古典中式家具的复杂结构精简省略，不仅满足了现代人的生活习惯，而且加入考究精致的细节处理，让其更显美观。在设计上，新中式风格家具以现代的手法诠释了中式家具的美感，并且形式活泼，用色大胆明朗。在材料上除了木质、竹质外，也常辅以石材、金属等新材料。

此外，新中式风格在客厅内以柔软的沙发代替了以床榻为中心的传统尊位，加上木地板或瓷砖的铺设，让整个家居空间变得更为轻松闲适。

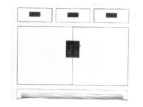

【清天环艺设计】

【香港方黄设计】

△ 新中式家具的特点是以现代的手法诠释中式美感

十

经典中式
家具

官帽椅

官帽椅以其造型酷似古代官员的官帽而得名。主要由座面、扶手、搭脑与靠背板组成，虽然其椅面、腿等下部结构都是以直线为主，但上部椅背、搭脑、扶手乃至竖枨、鹅脖都充满了灵动的气息。当坐在官帽椅上时，重量从腿部和足部转移到臀部和股部，同时也分布到臂部和头部。官帽椅的设计贴合了人类肢体的形态特征，因此不仅使用舒适，而且十分健康。

太师椅

太师椅原为官家之椅，是中式家具中唯一用官职来命名的椅子。清中期以后，因中国家具生产行业的蓬勃发展，让太师椅走进了寻常百姓家。太师椅一般用榉木等木材制造，其椅背与扶手常被雕刻得精巧细致，充满着富贵之气。在中式风格的家居空间里，利用太师椅与八仙桌搭配，既可以起到画龙点睛的装饰作用，也能体现主人的品位和情趣。

圈椅

圈椅起源于宋代，是中国独具特色的椅子样式之一。其造型呈方与圆的结合，体现了传统中国哲学思想，将中式的风雅和闲适的情怀展露至尽。圈椅在结构上最明显的特征是圈背连着扶手，从高到低一顺而下，由于坐靠时可使人的臂膀都倚着圈形的扶手，因此舒适感十足。在布置时可以单独摆放，也可以对称陈设。

八仙桌

八仙桌指桌面四边长度相等的方桌，由于其四边每边可坐二人，四边围坐八人，犹如八仙，故将其雅称为八仙桌。由于八仙桌的桌面比较大，数百年方可成才的珍贵硬木都很难出得如此完整且没有瑕疵的木料，因此，除柴木外很少有整块料做成的桌面。

从结构和用途上来看，大型家具中属八仙桌的结构最简单，用料最经济，也是最为实用的家具。此外，八仙桌的形态方正，亲切又不失大气，有极强的安定感，这也是其能够流传至今的原因之一。

围屏

围屏是指可以折叠的屏风，一般由四、六、八、十二片单扇配置连成，是传统的中式家具。因无屏座，放置时分折曲成锯齿形，因此又被称之为"折屏"。围屏其屏扇以及屏芯的装饰手法一般有素纸装、绢绫装和实芯装，此外还有书法、绘画、雕填、镶嵌等装饰形式。

博古架

博古架又名多宝格，是一种室内陈列古玩珍宝的多层木架。博古架不仅可以固定在墙面或地面上，也可以设计成自由移动的形式，因此还可作为室内的隔断以及屏障，既提升了中式家居的装饰品质，又增强了家居环境的层次感。

在中式古典风格家居中，可以在博古架上摆放一些富有观赏性的玉器、陶瓷等，为家居空间营造出强烈的艺术和文化气息。

条案

条案又称条几，是一种古老的中式家具。案面为窄长的条形，宽度约为长度的十分之一，属于长方形家具，其种类可分为书案、平头案、翘头案、架几案等。与桌子的差别是因脚足位置不同而采用不同的结构形式，故一般将其称之为"案"而不称"桌"。条案一般置于客厅的后侧和桌椅的后侧，常用于摆放花瓶、座钟和梳妆用具等物品。

△ 翘头案

△ 平头案

鼓凳

鼓凳是传统的中式家具之一，因鼓凳四周常用丝绣一样的图画做装饰，因此又将其称之为绣墩。鼓凳一般分为木质鼓凳与陶瓷鼓凳。相比于木质鼓凳，陶瓷凳具把浓浓的中国风和世界流行风格融为一体。一般中式风格里的家具都以方形为主，因此为其搭配桶形的鼓凳，可以让家居环境里的视觉元素更加丰富。

△ 木质鼓凳

△ 陶瓷鼓凳

02

灯饰搭配

△ 传统中式风格灯饰以羊皮纸和木质框架为主要材料

传统中式
灯饰特征

传统的中式风格灯饰其造型设计一般以对称式的结构为主，而且在灯饰上常常会加入龙、凤、清明上河图、古典诗词、如意图、梅兰竹菊、京剧脸谱等独具中国特色的装饰图案，强调体现古典和传统文化瑰丽奇巧的神韵。

从形式上可将中式风格的灯饰分为立灯、坐灯、壁灯、吊灯等，呈现出丰富而华丽的感觉。在材质上，中式风格灯具秉承了中国建筑的传统风格，其框架一般以实木为主，并且在制作时通常会使用镂空或雕刻的设计。除了直接雕刻外，也可以搭配一些其他材料做外部灯罩，比如纸、羊皮、布艺等，将中式灯饰的古朴和高雅充分展示出来。

相对于传统的中式风格来说，新中式风格的灯饰不仅线条更简洁大方，造型上也较为方正偏向现代。此外，还会在灯饰的装饰细节上融入富有中式特色的经典元素，呈现出古典而时尚的美感。如带花格灯罩的金属壁灯、灯笼造型的落地灯、陶瓷灯等，都是打造新中式风格古典美感的理想灯饰。其中陶瓷灯往往带有手绘的花鸟图案，不仅装饰性强且寓意吉祥、质感温润，能增添空间的艺术气质。

此外，水晶吊灯也是新中式风格中较为常见的灯饰。水晶的光泽配合着家居中的现代反光材料，让中式家居的环境显得明亮而时尚。

新中式
灯饰特征

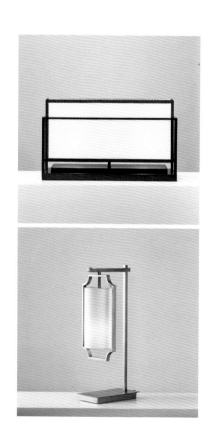

【上海泓点装饰】

△ 传统中式风格灯饰以羊皮纸和木质框架为主要材料

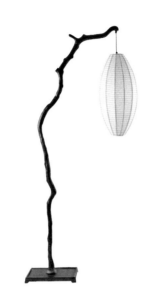

经典中式
灯饰

纱灯

纱灯是用麻纱或葛麻织物作灯面制作而成，多为圆形或椭圆形。其中红纱灯也称红庆灯，通体大红色，在灯的上部和下部分别贴有金色的云纹装饰，底部配金色的穗边和流苏，美观大方、喜庆吉祥，多在节日期间悬挂。

宫灯

宫灯是中国彩灯中富有特色的传统灯饰，其整体结构主要以细木为骨架，再镶以绢纱和玻璃作为饰面。由于宫灯在古代一般为皇宫贵族所用，因此不仅需要具备照明功能，而且还要配上精细复杂的装饰图案，以显示帝王的富贵和奢华。宫灯上常见的装饰图案内容为龙凤呈祥、福寿延年、吉祥如意等富有中国特色的传统图案。

鸟笼灯

鸟笼灯是中式风格中十分经典的灯饰，其自然别致的造型可以给中式风格的家居环境增添鸟语花香的氛围。鸟笼灯一般由金属和木质材料制作，可分为台灯、吊灯、落地灯等。需要注意的是，鸟笼吊灯的体积一般较大，因此更适合作为大空间顶部的装饰和照明。

【一然设计】

【杨明山设计】

陶瓷灯 陶瓷灯是采用陶瓷材质制作的灯饰。陶瓷灯的灯罩上面往往绘以美丽的花纹图案，装饰性极强。由于其他款式的灯饰做工比较复杂，不能使用陶瓷，所以常见的陶瓷灯以台灯居多。新中式风格陶瓷灯的灯座上往往带有手绘的花鸟图案，不仅装饰性强且寓意吉祥。

【李益中空间设计】

【郑树芬设计】

纸质灯

纸质灯的设计灵感来源于中国古代的灯笼，因此不仅饱含中国传统的设计美感，而且还具有其他材质灯饰无可比拟的轻盈质感和可塑性。从半透明纸张内透露出柔和、朦胧的灯光更是体现出中式风格刚中带柔的特点。纸质灯的造型多种多样，可以根据不同空间结构的特点搭配出不同的装饰效果，不仅极具创意，且其装饰效果也很强烈。

【清大环艺】

03

布艺织物

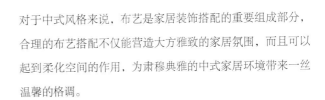

中式布艺
特征

对于中式风格来说，布艺是家居装饰搭配的重要组成部分，合理的布艺搭配不仅能营造大方雅致的家居氛围，而且可以起到柔化空间的作用，为肃穆典雅的中式家居环境带来一丝温馨的格调。

中式风格的布艺在色彩上适合搭配米色、杏色和浅金色等清雅色调，如果运用金色和红色作为陪衬，则能让家居空间呈现出华贵大气的气质。材质上多以棉麻、丝绸等天然材质为主。精致考究的布艺，搭配着典雅端庄的中式家具，彰显出中国传统文化中的娴静与从容。

布艺是家居空间装饰的点睛之笔。中式风格的布艺文化不是一成不变的，而是会随着时代的变迁融合传统元素与现代设计手法，呈现出更为时尚灵动的装饰效果，且更符合现代人的审美。新中式风格的布艺从中华民族的传统文化、服饰中获取灵感，常以空间基色为基础，采用朴素大方的色调，既包含了传统文化的精髓，又有现代文化的参与，为家居环境制造出一种轻松自然又极具内涵的美感。

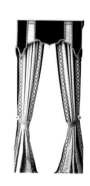

十

中式窗帘
布艺

中式风格的窗帘一般以绸、缎、棉麻混纺等面料为主，偏古典的中式风格窗帘还可以选择仿丝材质，既可以拥有真丝的质感、光泽和垂坠感，还能让空间更显典雅。

中式风格的窗帘在色彩上常用朱红色、浅米色和咖啡色等，并搭配回形纹、团状牡丹纹、龙凤纹等图案作为装饰，部分窗帘还会使用具有中国传统文化特色的元素。

中式风格的窗帘多为对称设计，呈现出优雅大方的气质。此外，还可以运用拼接和剪裁的手法让其更具设计感。

【宁洁设计】

△ 朱红色窗帘与床品的色彩之间形成呼应

【张丽华设计】

△ 丝质面料的窗帘给中式空间增添贵气

【同心同盟装饰设计】

△ 将青花瓷器的蓝、白纹样做为元素运用于床品设计中

【式谷设计】

△ 床品采用柔和的中性色调，带着一丝灰度，给人优雅温馨、自然脱俗的感受

【奥迅设计】

△ 床品上的传统水墨纹样表现出浓郁的中式意韵

中式床品
布艺

传统中式风格的床品多以丝绸材料制作，并常搭配中式团纹和回形纹等纹样作为装饰。新中式风格的床品虽然在纹样上延续了传统中式床品的意韵，但从色彩上却突破传统中式的配色手法，利用这种内在的对比打造出强烈的视觉感受。

在款式造型上，新中式风格的床品不像欧式床品那样使用流苏、荷叶边等繁复的装饰。简洁是新中式风格床品的特点，而且其色彩和装饰图案还能展现出中式风格独有的意境，例如回形纹、花鸟等都有着浓郁的中国特色。

中式地毯
布艺

在传统的中式风格空间中，如陈设简约自然、线条流畅的家具，可选择相对素雅的地毯，如果是陈设造型繁复、重雕刻的家具，则可选择铺设雍雅、纹饰相对繁琐的地毯，以凸显出传统中式风格的富贵之气。

新中式风格的地面既可搭配现代抽象图案的地毯，也可选择具有古典气质的地毯。前提是花色不要太乱，只要有中式风格的元素作为点缀即可。

△ 中式水墨纹样的地毯

△ 中式祥云图案的地毯

中式抱枕
布艺

在为中式风格家居搭配抱枕时，应根据整体空间所出现的元素进行选择。如果空间中的中式元素较多，为其搭配的抱枕最好选择简单、纯色的款式，并通过色彩的挑选与搭配，营造出中式风格的家居氛围。

如果空间中的中式元素较少，则可以选择搭配富有中式风格特色的抱枕，如花鸟图案抱枕、窗格图案抱枕、回纹图案抱枕等，以利用抱枕营造视觉焦点的形式，突显出中式风格的独特魅力。

【徐树仁设计】

△ 中式元素较多的空间适合选择纯色款式的抱枕

【WSD·吴舍软装】

△ 新中式空间中的抱枕通常呈对称陈设的形式

软装饰品

中式饰品
陈设重点

在中式风格的软装搭配中，传统饰物往往可以起到画龙点睛的作用。如可用字画、折扇、瓷器、漆器、织锦、木雕、民间工艺品等作为装饰。还可以采用传统家具和装饰品结合的方式装点空间，如用衣箱作为茶几、边几；用陶瓷鼓凳作为花架；用条案或斗柜作为玄关装饰等。此外，中式插花、灯笼以及鸟笼等，也是中式风格家居里常见的饰品元素。

除了具有传统中式特色的饰品外，还可以适当地点缀些现代风格或富有其他民族特色的饰品，不仅能增加空间的灵动感，还可以让中式风格的家居空间产生不同文化的对比，使人文气息显得更加浓厚。

【奕尚空间设计】　【香港方黄设计】　【陈熠明设计】

中式饰品
陈设手法

对于中式风格来说，软装饰品通常是家居中作为寄托祝福或托物言志的载体，因此，其搭配的装饰效果以及合理性有着非常重要的意义。中式风格常给人以优雅大方的直观感受，具有庄重雅致的东方气韵，饰品的选择与陈设可延续这种手法并凸显出极具内涵的精巧感。在陈设位置上选择对称或并列，或者按大小摆放出层次，以达到和谐统一的格调。

此外，由于中式风格家居讲究层次感，因此在选择组合型工艺品挂件的时候应注意各个单品的大小选择与间隔比例，并在结构上设计适当的空缺，以留白的形式为中式风格的家居空间制造出空灵而深远的意境。

△ 三角形构图法的饰品陈设

△ 对称形式的饰品陈设

△ 突出单品主体的饰品陈设

△ 留白装饰画体现中式意境之美

△ 传统山水画

中式软装饰品
装饰画

新中式装饰画的选择应同现场的陈设及空间形状相呼应，根据挂画区域大小选择画框的形状跟数量，通常用长条形的组合画能很好地点化空间，内容为水墨画或带有中式元素的写意画，例如可选择完全相同或主题成系列的山水、花鸟、风景等装饰画。

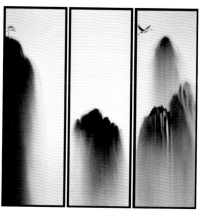

【香港方黄设计】

△ 铜质鸟笼

中式软装饰品
鸟笼

鸟笼是中式风格中常见的元素，能为家居空间营造出
自然亲切的氛围。此外，鸟笼的金属质感和光泽，在
呈现中式风格特色的同时，也为家居环境带来了现代
时尚的气息。目前市面上的鸟笼类别大致可分为铜质
和铁质，铜质的比较昂贵，而铁质的容易生锈。因此
可以在铁质鸟笼的制作过程中进行镀锌处理，能够有
效避免生锈的问题。

△ 铁质鸟笼

中式软装饰品
花艺

新中式风格的花艺设计在造型上摆脱了传统的符号化堆砌，并且讲究与家居风格的结合，呈现出东方绘画中的韵律美，由于有现代设计风格的结合，因此也满足了现代人的审美需求。此外，在花艺设计上以尊重、融合自然为基础，花材一般选择枝杆修长、叶片飘逸、花小色淡的种类为主，如松、竹、梅、柳枝、牡丹、茶花、桂花、芭蕉、迎春等，创造出富有中华文化意境的花艺环境。

新中式风格在花器的选择上，以雅致、朴实、简单为原则，有助于烘托出整个家居空间的自然意境。

【大木室内设计】

【何永明设计】

【S.U.N 设计】

【S.U.N 设计】

【鸣石设计】

△ 根雕带有自然天成的艺术魅力，更能映衬中式的意境之美

【品辰设计】

△ 根雕摆件最大限度地保留了树根特殊的天然美感

根雕是以树根的自生形态及畸变形态为艺术创作对象，通过构思立意、艺术加工及工艺处理，创作出人物、动物、器物等艺术形象作品，又被称为"根的艺术"或"根艺"。根雕是中国传统的雕刻艺术之一，因此将其运用在家居装饰中，不仅能增添空间的自然美，还能展现出中国手工艺的创造性和艺术性。

中式软装饰品
根雕

瓷器是中华文明中的重要组成部分，因此，将其作为中式家居装饰中的一部分，有着非常重要的意义。将陶瓷材料加以工艺上的设计，不仅能达到装饰空间的效果，且其斑斓夺目、色彩瑰丽的质感，充分展现出了中式风格家居空间高雅脱俗的魅力，这也是其他材质的装饰品所不能替代的。

中式软装饰品
瓷器

【GND 设计】

△ 将军罐

【中吉深美设计】

△ 粗陶花器

【IDEAL 艾迪尔设计】

△ 陶瓷茶具

【同心同盟装饰设计】

△ 青花瓷

十

中式软装饰品
折扇

△ 折扇挂件

【WSD · 吴舍软装】

△ 折扇摆件

折扇是最具东方色彩的物件，文人雅士摇扇，口中念念有词，出口成章；女士轻拂折扇，步履生姿，一笑一颦，都藏在优雅的折扇背后。此外，由于古人常将折扇藏于袖中携带，因此还有着"怀袖雅物"的美称。

由于折扇兼具艺术性与实用性，既可纳凉扇风，也能作为中式家居中的装饰摆件以供观赏，还可以在折扇上作画题字，为空间增加儒雅气质。折扇开合自如，开之则用，合之则藏，有进退自如，逍遥自在的寓意，这也与中式风格家居的美学理念相得益彰。

Chinese
Style

Design

4

中式风格

功能空间设计

01

中式风格
客厅

— DESIGN —
TIPS

中式风格客厅
常用装修木材

红酸枝是中式家居装修里上等的好材。它的颜色主要是以红色为主，一般是黑红相间的条纹。紫檀木颜色深，非常有光泽，用它来做家具，看起来就很端庄大气稳重，用它来雕刻也会非常出效果。黄花梨色泽比较明快，所以在现代的中式装修中会经常用到。此外，黄花梨做成的家具，用的越久色泽会越光亮，非常有历史的记忆感。榆木材质坚硬，做成的家具有方中带圆的温和感，并且榆木只要使用榫卯的合理搭配就可以将各部分相连接，完全可不用铁钉。

装饰元素 ｜ 金属鼓凳 ＋ 根雕摆件

参考价格 | 木色简框装饰挂画 260～500元/幅

参考价格 | 抱枕 50～120元/个

装饰元素 ｜ 木质简框装饰挂画 ＋ 抱枕

装饰元素 ｜ 大花白大理石背景墙 + 水墨纹样地毯

装饰元素 ｜ 金属墙饰 + 布艺硬包

装饰元素 ｜ 瓷皂 + 组合装饰挂画

装饰元素 ｜ 灰色石材 + 根雕摆件

装饰元素 ｜ 定制展示柜 + 竹节造型台灯

装饰元素 │ 刺绣硬包 + 灰色石材

装饰元素 │ 茶镜 + 刺绣硬包

装饰元素 │ 定制展示柜 + 木花格隔断

装饰元素 │ 瓷盘摆件 + 回纹图案地毯

装饰元素 │ 木花格 + 山水大理石

装饰元素 │ 将军罐 + 装饰挂画

装饰元素 │ 微晶石墙砖 + 胡桃木饰面板

装饰元素 | 白色陶瓷鼓凳 + 艺术墙纸

装饰元素 | 牡丹花图案墙纸 + 陶瓷台灯

装饰元素 | 装饰木梁 + 青花瓷台灯

— DESIGN —
TIPS

中式仿古窗花
增加客厅韵味

中式仿古窗花可以把客厅装点得古意盎然。手工制作的窗花，以卡榫的技巧衔接木块，而不是用钉子钉死，有热胀冷缩的弹性空间。依照图样的复杂度，价位也有所不同，最复杂的图样是雕刻十二生肖，每一个生肖图样不同，且图样比较小，做工十分繁复，所以价格最为昂贵。注意中式仿古窗花由于其材质使用的是原木，所以建议在日常生活中应定时清理，特别是镂空状的窗花，需时常清理其中灰尘。

装饰元素 ｜ 文化石电视墙 + 条纹图案地毯

— DESIGN —
TIPS

文化砖装饰
中式客厅的墙面

文化砖也是中式风格客厅中常用的装饰材料。与天然石材相比，文化砖最大特点就是没有放射性，价格更加低廉，同时在很大程度上保留了天然石材的纹理，让每一片文化砖之间的拼接更加自然，避免了天然石材存在瑕疵的缺点。挑选时可以用手指触摸文化砖的表面，质量好的文化砖表面是不会掉粉的。仔细看文化砖的表面纹理应十分自然、逼真，且具有很大的随机性，几乎不会产生重复。有些质量不过关的文化砖的断面通常都会留有大量空隙。

【布鲁盟室内设计】

装饰元素 ｜ 创意吊灯 + 布艺沙发

装饰元素 ｜ 木纹墙砖 + 铜质壁灯

装饰元素 ｜ 留白装饰挂画 + 玻璃台灯

装饰元素 ｜ 木饰面板 + 彩色乳胶漆

装饰元素 ｜ 蓝色将军罐 + 木饰面板拼花

装饰元素 ｜ 皮质硬包 + 陶瓷花器

装饰元素 ｜ 博古架 + 青花图案抱枕

装饰元素 ｜ 将军罐 + 陶瓷摆件

参考价格

纯铜宝塔香炉
280~400元/个
铁艺烛台摆件
100~300元/个

【颐居装饰设计】

装饰元素 ｜ 纯铜宝塔香炉
+ 铁艺烛台摆件

【大同室内设计】

装饰元素 ｜ 陶瓷花器 + 创意落地灯

【益善堂设计】

装饰元素 ｜ 软膜吊顶 + 创意壁饰

【施少芬设计】

装饰元素 ｜ 鸟笼吊灯 + 原木围棋盘

装饰元素 ｜ 不锈钢线条 + 灰色石材 + 圆形墙饰

装饰元素 ｜ 艺术挂画 + 梅枝图案抱枕

装饰元素 ｜ 木花格贴茶镜 + 枯枝摆件

— DESIGN —
TIPS

中式风格
家具类型

中式家具分为具有收藏价值的旧式家具和仿明清式家具两种。前者是指明代至清代四五百年间制作的家具，后者是指现代的技术工人继承了明清以来家具制作工艺而生产和销售的家具。仿制的中式家具材质有花梨木、鸡翅木、红木、紫檀木等，其中红木和紫檀木价格较高；另外每种材料又分高、中、低档三类，价格差距很大。

装饰元素 ｜ 装饰挂画 + 创意吊灯

装饰元素 ｜ 灰色石材 + 荷花图案壁画 + 陶瓷茶具

装饰元素 ｜ 水晶吊灯 + 立体金属墙饰

装饰元素 ｜ 山水大理石 + 羊皮纸吊灯 + 拼花地砖

装饰元素 ｜ 微晶石背景墙 + 装饰挂画

装饰元素 ｜ 微晶石电视墙 + 花鸟图案硬包

典雅清新
的中式木质家具

中式木质家具不仅能让空间散发典雅而清新的魅力，而且以其细致精巧的做工，加上伴随着岁月流逝的感觉，能让传统的古典韵味在中式风格的家居空间中得以传承。传统意义上的中式家具一般以硬木材质为主，如海南黄花梨、紫檀、非洲酸枝、沉香木等等珍稀名贵木材。此外还运用现代材质及工艺，去演绎传统中国文化中的精髓，使家具不仅有典雅、端庄的中式气息，而且还具有明显的现代时尚感。

装饰元素 ｜ 环形吊灯 + 陶瓷鼓凳

装饰元素 ｜ 木格栅 + 石狮摆件

装饰元素 ｜ 玻璃格栅 + 中式吊灯

装饰元素 ｜ 留白装饰画 + 祥云图案地毯

中式风格客厅
软装搭配重点

客厅是整个家居的中心，因此可以通过饰品的布置展现出居住者的品位与个性。中式风格客厅可选择的饰品很多，如中式烛台、鼓凳、将军罐、鸟笼、木质摆件等，从造型气质中就能透露出中式风格的禅意之美。除了传统的中式饰品外，还能搭配现代风格或富有其他民族神韵的饰品，在新中式风格的空间中增加了文化对比，使人文气息显得更加丰富。

装饰元素 ｜ 陶瓷台灯 + 装饰挂画　【S.U.N 设计】

装饰元素 ｜ 艺术壁画 + 金属摆件　【壹度设计】

纯铜大明宣德炉 280~500元/个
描金实木鼓凳 300~800元/个
参考价格

装饰元素 ｜ 纯铜大明宣德炉 + 描金实木鼓凳

装饰元素 ｜ 回纹图案地毯 + 木质茶几

装饰元素 ｜ 鸟笼落地灯 + 木格栅

装饰元素 ｜ 洞石电视墙 + 木花格贴黑镜

装饰元素 ｜ 墙面搁架 + 仕女图挂画

装饰元素 ｜ 木花格贴银镜 + 刺绣硬包

装饰元素 ｜ 木花格 + 中式吊灯

装饰元素 ｜ 微晶石电视墙 + 回纹图案抱枕

装饰元素 ｜ 装饰木梁 + 大理石电视墙

装饰元素 ｜ 仿木纹地砖 + 山水大理石

装饰元素 ｜ 圆形装饰挂画 + 山水图案壁画

装饰元素 ｜ 微晶石电视墙 + 陶瓷花器

装饰元素 ｜ 黑色仿古砖 + 根雕墙饰

装饰元素 ｜ 多层水晶吊灯 + 白色陶瓷小鸟摆件

装饰元素 ｜ 陶瓷茶具 + 装饰鸟笼

装饰元素 ｜ 定制墙面展示柜 + 木格栅隔断

【陈世忠设计】

装饰元素 | 雕花艺术玻璃 + 陶瓷花器

— DESIGN — TIPS

中式风格客厅
饰品陈设方案

中式风格有着庄重雅致的东方精神，饰品摆件的选择与摆设可以延续这种手法并凸显极具内涵的精巧感。在摆放位置上选择对称或并列，或者按大小摆放出层次感，以达和谐统一的格调。中式家居中常常用到格栅来分割空间、装饰墙面，这些都是饰品摆件浑然天成的背景，可在前面加一个与其格调相似的落地饰品，如花几或者落地花瓶，空间美感立竿见影。

【品川设计】

装饰元素 | 陶瓷鼓凳 + 花鸟图案硬包

【李益中空间设计】

装饰元素 | 留白装饰挂画 + 玻璃台灯

新中式风格
客厅的色彩搭配

DESIGN TIPS

在新中式风格客厅的色彩搭配中，黑色、白色、粉色、黄色、橙色、红色、紫色、蓝色、灰色等各种颜色均可和谐使用。除此之外，也可利用红色、黄色、灰色和白色等颜色作为基础色，再将木本色、黑色、绿色、蓝紫等色彩穿插于其间，营造出宁静高雅、祥和喜庆的中式家居氛围。

【马克室内设计】

装饰元素 ｜ 回纹图案窗帘 + 灰色石材

【陈君/顾华 设计】

装饰元素 ｜ 陶瓷花器 + 回纹图案抱枕

【游小华 设计】

装饰元素 ｜ 根雕毛笔架 + 留白装饰挂画

参考
价格

金属壁饰
50~800元/个

【颐居装饰设计】

装饰元素｜ 金属壁饰
　　　　 ＋ 木花格隔断

【盘石设计】

装饰元素｜ 铜制门环墙饰 ＋ 祥云纹浮雕

【石头兄弟设计】

装饰元素｜ 组合装饰画 ＋ 镂空陶瓷鼓凳

【大谷设计】

装饰元素｜ 将军罐摆件 ＋ 装饰花艺

装饰元素 ｜ 装饰鸟笼 + 玉璧摆件

装饰元素 ｜ 艺术壁画 + 木花格贴银镜 + 大理石波打线

装饰元素 ｜ 水墨纹样地毯 + 装饰挂画

装饰元素 ｜ 拼花木地板 + 粗陶茶具

装饰元素 ｜ 大花白大理石电视墙 + 万字纹图案地毯

装饰元素 ｜ 艺术壁画 + 胡桃木饰面板

装饰元素 ｜ 艺术壁画 + 木格栅隔断

DESIGN TIPS

轻奢气质的
新中式客厅配色方案

新中式风格适合搭配一些具有轻奢气质的色彩。比如恰到好处的中性色及金属色系，不仅能为家居环境带来轻奢大方的装饰效果，且犹如一件经典的艺术品般历久弥新，因此也成就了新中式风格时尚高雅的家居风范。

【上海泓点装饰】

装饰元素 ｜ 水墨图案挂画 + 顶面木线条走边

【奕尚空间设计】

装饰元素 ｜ 装饰挂画 + 青花瓷台灯

【鸣石设计】

装饰元素 ｜ 石雕摆件 + 陶瓷茶具

【品川设计】

装饰元素 ｜ 仿明式圈椅＋微晶石电视墙

DESIGN
TIPS

新中式风格
客厅吊顶设计

新中式风格的吊顶造型多以简单为主，古典元素的搭配应点到为止。可以将平面直线吊顶搭配反光灯槽营造现代时尚的氛围。此外，新中式的吊顶材料的选择应考虑与家具以及软装的呼应，比如木质阴角线，也可以在顶面用木质线条勾勒出简单的角花造型，这些都是新中式吊顶在设计中常用的装饰方法。

【戴勇设计】

装饰元素 ｜ 艺术吊灯＋水墨纹样地毯

【GBD 杜文彪设计】

【徐树仁设计】

装饰元素 ┃ 创意铜制落地灯 + 木质沙发边柜

装饰元素 ┃ 水晶吊灯 + 梅花图案背景墙

装饰元素 ┃ 将军罐台灯 + 木格栅

室内家居风格全案设计

装饰元素 ｜ 祥云图案地毯 + 立体墙饰

装饰元素 ｜ 陶瓷台灯 + 布艺硬包

装饰元素 ｜ 顶面实木线制作角花 + 木纹砖墙面 + 将军罐

装饰元素 ｜ 微晶石电视墙 + 布艺硬包沙发墙

装饰元素 ｜ 木格栅隔断 + 装饰绿植

— DESIGN — TIPS

汉字装饰
让中式家居更具魅力

汉字不仅是迄今为止连续使用时间最长的文字，而且是目前世界上使用最为广泛的表意文字之一。在中式风格的家居设计中，吉祥图案可以直接用汉字的各种书写体来表示，如福、寿、喜等字早已被图案化和艺术化了，不仅形象，且极为美观。此外，由于汉字还具有表音的特性，因此为谐音的双关修辞提供了广阔的想象空间。比如瓶谐"平"表示平安，喜鹊谐"喜"，桂花、桂圆谐"贵"，百合、柏树谐"百"等。这种利用文字表达人们美好心愿的手法，不仅是中式文化中独具魅力的部分，同时是中式家居中难能可贵的装饰元素。

【清大环艺】

装饰元素 ｜ 水晶吊灯 + 陶瓷花器

参考价格 圆形挂画 800~2000元/幅

【清大环艺】

装饰元素 ｜ 金属线条 + 圆形挂画 + 回纹图案坐垫

参考
价格 | 陶瓷将军罐
200~300元/个

装饰元素 | 陶瓷将军罐
+ 中式纹样靠枕

【信实装饰】

【元相建筑设计】

装饰元素 | 实木地板 + 木格栅贴黑镜

【陈君 / 顾华 设计】

装饰元素 | 梅花图案壁画 + 木花格贴银镜

— DESIGN —
TIPS

中式风格中
的回纹图案装饰线条

回纹是由横竖短线折绕组成方形或圆形的回环状花纹，由于形如回字所以称之为回纹。有着富贵不断头的吉祥寓意，并且对称均衡的构图也寓意家庭四平八稳、和和美美。在中式古典风格中常常会选择使用回纹纹样的实木线条，使家居空间更具古典文化的韵味。在色彩的选择上，大方稳重，而且不失传统。在中国传统的装饰艺术中，吉祥纹样是极具魅力的一部分，常作为艺术设计的元素，被广泛地应用于室内装修设计中。

【S.U.N 设计】

装饰元素 | 粗陶茶具 + 铜制落地灯

【壹度设计】

装饰元素 | 定制展示柜 + 陶瓷花器

【印尚设计】

装饰元素 | 布艺硬包 + 组合装饰画

【壹度设计】

装饰元素 | 木饰面板 + 棉麻材质抱枕

【力勇设计】

装饰元素 | 创意吊灯 + 木纹地砖

装饰元素 | 皮质沙发 + 陶瓷茶具

【共生形态设计】

【栖丞室内设计】

装饰元素 | 创意落地灯 + 木格栅隔断

装饰元素 | 陶瓷茶具 + 盆景摆件

【牧宿设计】

— DESIGN —
TIPS

中式茶案
传递雅致生活态度

在中式风格的家居空间里搭配一些原木材质如鸟笼、根雕等饰品，可以营造出休闲、雅致的自然韵味。此外，饮茶对于中国人来说是一种不可或缺的休闲方式，早在中国古代的史料中，就有关于茶的记载。因此，为中式风格的家居空间搭配一个茶案，不仅可以享受到品茶的乐趣，还能传递出雅致的生活态度。

【根尚国际设计】

装饰元素 | 黑檀木饰面板 + 装饰挂画

装饰元素 | 米色墙砖 + 枫木饰面板

装饰元素 | 陶瓷鼓凳 + 回纹图案地毯

装饰元素 | 仿石材墙砖 + 木质边几

装饰元素 | 魔豆吊灯 + 浅啡网纹大理石 + 立体壁饰

装饰元素 | 佛手台灯 + 青花瓷将军罐

装饰元素 | 花鸟图案硬包 + 陶瓷台灯

装饰元素 | 红色折扇挂件 + 羊皮纸吊灯

装饰元素 ｜陶瓷花器
＋刺绣抱枕

【杨明山设计】

【游小华设计】

装饰元素 ｜枯树枝摆件＋仿真盆景

【同心同盟装饰设计】

装饰元素 ｜铜质水晶吊灯＋陶瓷花器

【壹度设计】

装饰元素 ｜玻璃花器＋大理石台面

【S.D.】

装饰元素 ｜水晶吊灯＋装饰挂画

【何永明设计】

装饰元素 ｜ 石狮摆件 + 木格栅

-DESIGN-
TIPS

寓意美好的
万字雕花格

万字雕花即"卍"形纹饰，是中国古代传统纹样之一，有着万福不断和万寿绵延的美好寓意，因此也叫万寿锦。中式风格中的万字雕花一般以木材质为主，常设计在墙面中作为呼应空间的主题，也会小面积地设计在顶面作为上部空间的装饰。

02

中式风格
过道

— DESIGN —
TIPS

中式门洞
的设计要点

中式门洞讲究布局对称均衡、端正稳健，多为圆形或是对称式的八边形。圆形门洞在中国明清时代的园林设计中体现得淋漓尽致，不同于托斯卡纳风格拱形门洞的感觉，中式圆形门洞更注重意境的延伸和古典文化内涵的含苞待放，所追求的文化是相对内敛的。此外，中式门洞的材料以木质为主，讲究材质的手感，多采用高档硬木。

参考价格 | 青花瓷壁挂 200~500元/个

【尚策设计】

装饰元素 | 青花瓷壁饰 + 小铜人摆件

【奥迅设计】

装饰元素 | 仿石材墙砖 + 松树盆景

装饰元素 ｜ 金属线条装饰框 + 白孔雀摆件

装饰元素 ｜ 装饰挂画 + 大理石拼花地面

装饰元素 ｜仿石材地砖
+ 玻璃护栏

【品辰设计】

【印尚设计】

【何永明设计】

【IDEAL 陈设艺术设计】

装饰元素 ｜ 装饰挂画 + 木质踢脚线

装饰元素 ｜ 墙布 + 金属线条

装饰元素 ｜ 迎客松装饰小景 + 仿石材地砖

— DESIGN —
TIPS

月亮门
中式传统文化的体现

月亮门常作为隔断出现在中式家居中，起到分隔空间的作用，又形成一处古典风格的美丽景观。月亮门线条流畅、优美，造型中蕴含着中国传统文化所追求的圆满、吉祥等寓意；选用榆木或者楸木材质，质地坚硬，经久耐用。花格通常设计为"万字不到头""冰裂纹"或葡萄、荷花等缠枝纹透雕形式，象征着吉祥与招财，是中华传统文化的一种表现。

参考价格 ｜ 麻布首饰套盒
380~800 元/套

【香港方黄设计】

装饰元素 ｜ 麻布首饰套盒 + 装饰挂画

装饰元素 ｜ 拼花地砖 + 太师椅

装饰元素 ｜ 布艺硬包 + 装饰挂画

装饰元素 ｜ 木花格 + 回纹波打线

装饰元素 ｜ 金箔贴顶 + 刺绣硬包 + 拼花地砖

装饰元素 ｜ 中式宫灯 + 装饰挂画

装饰元素 ｜ 玉璧摆件 + 将军罐

装饰元素   树枝形落地灯 + 中式几案

参考价格

树枝形落地灯
500~1500元/盏
中式几案
4000~8000元/张

【信实装饰】

装饰元素 | 树枝形落地灯 + 中式几案

【SUN 设计】

装饰元素 | 布艺硬包 + 仿石材地砖

【付雨鑫设计】

装饰元素 | 树杈吊灯 + 木质踏步

【杨明山设计】

装饰元素 | 嵌入式展示柜 + 仿木纹地砖

【尚赢装饰】

装饰元素 | 木花格隔断 + 金属摆件

【大宅空间设计】

装饰元素 | 黑胡桃木饰面板 + 仿石材地砖

木花格隔断
制造隔而不断的视觉效果

在家居中使用富有中式特色的木花格作为隔断，不仅能呼应整体的设计风格，还增加了家居空间的私密性，起到了隔而不断的视觉效果。木质花格宜选用硬木制作，中档的可以用水曲柳木、沙比利木、菠萝格木；高档的可以选用鸡翅木、花梨木、柚木等；低档的则一般使用杉木。但由于杉木结疤较多，一般需要经过处理后才能使用。

参考价格 | 金属摆件 2000~5000 元/件

【戴勇设计】

装饰元素 | 金属摆件 + 木质吊顶

【壹度设计】

装饰元素 | 仿石材地砖 + 木格栅

装饰元素 | 金属摆件 + 木质过道柜

【大观·自成设计】

【SUN设计】

【戴勇设计】

【栖丞室内设计】

装饰元素 ｜ 装饰吊灯 + 定制收纳柜

装饰元素 ｜ 干枝盆景 + 木纹地砖

装饰元素 ｜ 装饰挂画 + 实木地板

参考价格 榆木造型台灯 500~1500 元/件

【信实装饰】

装饰元素 ｜ 花鸟图案背景墙 + 榆木造型台灯

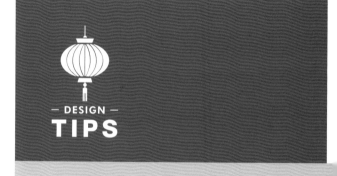

— DESIGN —
TIPS

装饰木梁
打造自然清新的家居环境

为了表达回归自然的家居装饰理念，中式风格的空间里往往会采用大量源于自然界的原始材料，打造出休闲清新的家居环境。比如在家居顶面加入装饰木梁的设计，不仅可以让空间的层次感更为丰富，而且还流露出内敛富贵的气息。如能搭配一顶造型别致的顶灯，让光影散落在装饰木梁上，则能瞬间将空间的档次提升到一个新高度。

装饰元素 ｜ 玻璃护栏 + 仿石材墙砖

装饰元素 ｜ 中式吊灯 + 地砖拼花

装饰元素 ｜ 嵌入式展示柜 + 青砖 + 木通花

装饰元素 ｜ 木格栅隔断 + 仿石材地砖

装饰元素 ｜ 仿真梅花装饰 + 仿古砖地面

装饰元素 ｜ 定制展示柜 + 陶瓷鼓凳

DESIGN
TIPS

赋予家居空间
美学内涵的中式屏风

屏风是中式风格家居中的重要组成部分,历史悠久。中式屏风的选材多以红木为主,即紫檀木、花梨木、乌木等。一般陈设在室内的开阔位置,起到分隔、装饰、挡风、协调等作用,因此既有实用价值,又能赋予家居空间雅致的美学内涵。中式屏风可以设计成活动式,在需要时可在空间任意移动,也可以将其固定,以提高安全性。

【益善堂设计】

装饰元素 | 嵌入式展示柜 + 玻璃护栏

【根尚国际设计】

装饰元素 | 金属扶手 + 暗装式楼梯地脚灯

【创域设计】

装饰元素 | 仿石材地砖 + 木质过道柜

【木谷设计】

装饰元素 | 木饰面板 + 米白色玻化砖

【陈君/顾华设计】

装饰元素 | 组合装饰挂画 + 大理石波打线

【信实装饰】

装饰元素 ｜ 佛头摆件 + 微晶石背景墙

【呱叽设计】

装饰元素 ｜ 留白装饰挂画 + 树枝摆件

【柏舍励创】

装饰元素 ｜ 木格栅隔断 + 陶瓷摆件

装饰元素 | 装饰挂画 + 木花格贴顶

装饰元素 | 中式宫灯 + 回纹图案拼花地面

装饰元素 | 仿石材地砖 + 大理石踏步

装饰元素 | 米黄大理石 + 装饰挂画

装饰元素 | 拼花木地板 + 雕花屏格装饰背景

DESIGN TIPS

大理石波打线

加强中式家居的层次感

在中式风格的空间设计大理石波打线，起到进一步装饰地面作用的同时，还能在视觉上加强空间的层次感和区域感。如将波打线与天花做成相呼应的造型，还可使整个空间显得更有立体感。需要注意的是，如果户型面积较小，则不宜设置波打线，否则家具的摆放会挡住波打线，不仅发挥不出其应有的作用，还会让空间显得狭小局促。

【大同室内设计】

装饰元素 | 装饰挂画 + 粗陶花器

参考价格 | 艺术挂画 500~1200 元/幅

设计

装饰元素 | 艺术挂画 + 双色地砖菱形斜铺

【大同室内设计】

装饰元素 | 装饰挂画 + 墙纸

【S.U.N 设计】

【涵设设计】

【IDEAL 陈设艺术设计】

装饰元素 | 装饰挂画 + 黑色中式几案

装饰元素 | 照片墙 + 装饰挂画

装饰元素 | 组合装饰挂画 + 玻璃护栏

— DESIGN —
TIPS

实木雕花
营造中式古典浪漫情怀

实木雕花的设计手法复杂多样，不仅体现着独具匠心的思想，还被誉为中国古典家居的浪漫艺术。实木雕花多运用于中式风格里的窗户、隔断及木质家具中，常见的雕花样式有祥云、如意、梅兰竹菊、山水画等，每一种雕花形式都代表着不同的寓意。需要注意的是，实木雕花对于制作工艺要求较高，应处理好脱水、脱脂等环节，否则一旦受潮容易发生开裂、霉变等现象。

【陈君 / 威华 设计】

装饰元素 | 陶瓷花器 + 拼花地砖

DESIGN TIPS

中式风格过道
饰品搭配方案

中式风格的过道一般会采用对称式的布局设计，在工艺品摆件和花器的选择上多以陶瓷制品为主。此外，盆景、茶具等装饰也是不错的选择，既能体现出居住者脱俗高雅的品位，还可以营造出端庄融洽的中式家居气氛。需要注意的是，在中式风格的过道空间里，软装饰品的摆放位置不能影响到日常的走动或遮挡视线。

参考价格 2000

【程明设计】

装饰元素 | 深啡网纹大理石 + 圆形装饰画

装饰元素 | 木格栅隔断 + 青石板

装饰元素 | 山水壁画 + 拼花地砖

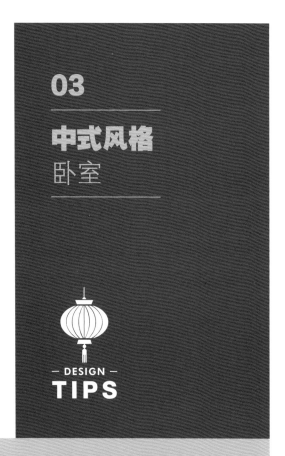

03
中式风格
卧室

— DESIGN —
TIPS

软包装饰
中式风格卧室的墙面

在中式风格的卧室空间利用软包作为床头背景墙，能给典雅厚重的氛围融入一丝舒适浪漫的感觉。在枕头以及靠枕的设计上，加入了中式元素的图案与色调，营造出华美舒适的卧室空间环境。由于软包的质地通常较为柔软，有着舒适的触感，而且其颜色也较柔和。因此对于中式风格卧室中气质比较厚重的家具、饰品以及配色，都能起到柔化的作用，从而让休息环境于稳重中流露出温馨的感觉。

装饰元素 ｜ 白色五斗柜 + 树枝形台灯

装饰元素 ｜ 布艺硬包 + 铜制吊灯

装饰元素 | 刺绣硬包 + 床头创意吊灯

装饰元素 | 布艺软包床头墙 + 竹节造型台灯

装饰元素 | 金属壁饰 + 青花瓷台灯

装饰元素 | 陶瓷花器 + 布艺硬包

装饰元素 | 刺绣抱枕 + 布艺硬包

装饰元素 │ 皮质硬包 + 水墨纹样地毯

装饰元素 │ 圆形金属摆件 + 梅花图案硬包

装饰元素 │ 布艺硬包 + 装饰壁灯

装饰元素 │ 绒布硬包 + 中式纹样抱枕

装饰元素 │ 拼花木地板 + 刺绣硬包

装饰元素 │ 天顶画 + 中式宫灯

装饰元素 │ 羊皮纸吊灯 + 刺绣软包

装饰元素 ｜ 薄纱六折屏风 + 陶瓷装饰罐

装饰元素 ｜ 木质护墙板 + 抽象艺术挂画

装饰元素 ｜ 布艺软包 + 留白装饰画

— DESIGN —
TIPS

实木地板
提升中式家居的亲和力

实木地板具有天然环保、质感丰富、木纹自然等优点，而且其呈现出的优美木纹和色彩，能让中式家居更显自然并富有亲和力。适用于中式风格的实木地板原材料一般有枫木、樱桃木、柚木、水曲柳等。由于实木地板质感天然、触感好的特性，使其成为中式风格里客厅、卧室以及书房等地面铺设的首选材料。

水晶吊灯
1500~4500 元/件
陶瓷鹿摆件
300~600 元/组

参考
价格

装饰元素 | 水晶吊灯 + 陶瓷鹿摆件

【创域设计】

— DESIGN —
TIPS

木饰面板
为中式风格空间营造自然气息

在中式风格家居中运用木饰面板，既能为空间注入自然舒适的气息，又能体现出中式风格内敛含蓄的气质。木饰面板除了本身具有多种木纹理和颜色外，还有哑光、半哑光和高光之分。在中式空间里宜使用光泽度好、纹理清晰的木饰面板，如酸木枝，黑檀，紫檀，沙比利、樱桃木等木饰面都是较好的选择。

【品川设计】

装饰元素 | 鸟笼吊灯 + 陶瓷茶具

【壹挚设计】

装饰元素 ｜ 立体梅花墙饰 + 木格栅隔断

【大集设计】

装饰元素 ｜ 花鸟图案墙纸 + 刺绣抱枕

【香港方黄设计】

装饰元素 ｜ 中式云石台灯 + 金属墙饰

装饰元素 ┃ 装饰挂画

装饰元素 ┃ 樱桃木饰面板 + 艺术壁画

装饰元素 ┃ 创意床头吊灯 + 装饰挂画

装饰元素 ┃ 顶面木线条走边 + 墙布

装饰元素 ┃ 布艺软包 + 拼花木地板

装饰元素 ┃ 球形吊灯 + 白色树枝摆件

装饰元素 ┃ 布艺硬包 + 水墨图案地毯

参考
价格

中式官箱边几
2000~3500 元/组
中式台灯
400~600 元/个

【颐居装饰设计】

装饰元素 │ 中式官箱边几 + 中式台灯

【天恒装饰设计】

装饰元素 │ 装饰挂镜 + 灰色布艺硬包

【大诺室内设计】

装饰元素 │ 布艺硬包 + 圆形床头台灯

DESIGN TIPS

中式风格卧室
照明设计

中式风格的卧室在照明设计应尽量搭配漫射的光源，且不宜在床头上部设置射灯，否则容易给眼睛造成伤害。卧室床头灯的光线应柔和，刺眼的灯光只会打消人的睡意，令眼睛感到不适。因此可以采用泛着暖色或中性色光感的光源，如鹅黄色、橙色、乳白色等。需要注意的是床头灯的光线要柔和，并不是说要把亮度降低，因为偏暗的灯光会给人造成压抑感，并且对视力会有一定的影响。

装饰元素 │ 装饰挂画 + 创意床头吊灯

DESIGN TIPS

新中式风格卧室
色彩搭配

新中式风格的卧室空间在追求古典韵味的同时，还可以利用白色作为主配色，营造出丽质天然、冰清玉洁的氛围。如果觉得白色空间过于单调，则可以选择搭配米色、褐色或棕色的家具，缓和白色所带来的轻飘感。让新中式风格的卧室空间呈现出复古典雅，又不失简约的气质。

【清大环艺】

装饰元素 │ 艺术壁画 + 白色床头吊灯

参考价格 金属立体壁饰 800~1500 元/件

【信实装饰】

装饰元素 │ 金属立体壁饰 + 刺绣抱枕

【JINDESIGN 空间设计】

装饰元素 │ 叠级吊顶 + 深灰色布艺软包

装饰元素 ｜ 树枝摆件 + 皮质软包

装饰元素 ｜ 留白装饰画 + 陶瓷摆件

装饰元素 ｜ 金属摆件 + 花鸟图案床旗

装饰元素 ｜ 布艺硬包 + 装饰挂画

装饰元素 ｜ 折扇挂件 + 陶瓷台灯

装饰元素 ｜ 回纹图案地毯 + 米色墙纸

装饰元素 ｜ 四柱床 + 艺术壁画

【陈君 / 顾华 设计】

装饰元素 ｜ 艺术墙纸 + 装饰花艺

【大同室内设计】

装饰元素 ｜ 陶瓷摆件 + 铁丝马摆件

【同室内设计】

装饰元素 ｜ 金属摆件 + 棉麻材质抱枕

【纳沃设计】

【柏舍设计】

装饰元素 ｜ 装饰挂画 + 陶瓷台灯　　　　**装饰元素** ｜ 刺绣硬包 + 创意木质台灯　　　　**装饰元素** ｜ 布艺硬包顶面 + 灰镜

【S.U.N 设计】

【杜文凤装饰设计】

装饰元素 ｜ 装饰挂画 + 嵌入式衣柜　　　　　　　　　　**装饰元素** ｜ 刺绣抱枕 + 陶瓷小鸟摆件

— DESIGN —
TIPS

新中式风格
床品的设计要点

新中式风格的床品不像欧式床品那样要使用流苏、荷叶边等丰富装饰，具有大方时尚的特点。此外，新中式风格的床品搭配设计，重点在于色彩和所搭配的图案要体现出简约大方的感觉，可以使用如小枝梅花图案以及搭配中式元素的现代风格图案等。不仅能够展现出唯美的中式风情，也完美地诠释了新中式风格家居设计的开放与包容。

装饰元素 ｜ 装饰挂镜 + 犀牛陶瓷摆件

装饰元素 ｜ 蝴蝶壁饰 + 树枝摆件

装饰元素 ｜ 刺绣床旗 + 雕花圆盘墙饰

— DESIGN —
TIPS

新中式风格
窗帘的设计要点

新中式风格的窗帘多为对称设计，而且帘头比较简单。在造型上经常使用流苏、云朵、盘扣等作为点缀。新中式窗帘在装饰图案上，除了经典的龙凤纹样，还承袭了自然的花鸟虫鱼、梅兰竹菊、仙鹤以及蝴蝶等富有中式特色的图案，再借助印花、刺绣以及现代简约的设计理念，使中式家居的窗帘设计焕发新的生命。

装饰元素 ｜ 水晶吊灯 + 布艺硬包

装饰元素 ｜ 装饰挂画 + 羊皮纸吸顶灯

装饰元素 ｜ 烛台吊灯 + 木格栅

装饰元素 ｜ 水墨图案壁画 + 卷草纹样地毯

装饰元素 ｜ 风扇吊灯 + 墙纸

装饰元素 ｜ 布艺硬包 + 满铺地毯

装饰元素 ｜ 玉璧墙饰 + 拼花木地板

装饰元素 ｜ 布艺硬包 + 艺术墙纸

【品川设计】

装饰元素 ｜ 万字纹样地毯 + 刺绣硬包

【胡飞设计】

装饰元素 ｜ 装饰挂画 + 陶瓷花器

参考价格 炕桌铁艺边几
500~1000元/件

装饰元素 ｜ 玻璃吊灯
　　　　　　+ 立体墙饰

【大集空间设计】

参考
价格
30~80元/个
中式小鸟台灯
500~800元/套

【涵设设计】

装饰元素｜陶瓷蝴蝶墙饰
+ 中式小鸟台灯

【牧笛设计】

装饰元素｜水晶吊灯 + 布艺硬包床头墙

— DESIGN —
TIPS

利用国画展现
古朴优雅的家居气质

中式古典风格气质古朴优雅，搭配国画是最佳选择。国画是中国的传统绘画形式，主要以毛笔作画，其题材主要有人物、山水、花鸟等，在绘画的手法上有写意和具象两种。此外，字画、骏马图和江南风景山水画等，都能够很好地体现中式风格雅致、自然的特点。还有一些中式装饰画由于篇幅较大，因此会以拼贴的方式进行展示。

【奕尚空间设计】

装饰元素｜布艺软包 + 装饰挂画

装饰元素 ｜ 木饰面板顶面 + 茶镜 + 布艺软包

装饰元素 ｜ 布艺硬包 + 拼花木地板

装饰元素 ｜ 木质吊顶 + 水墨纹样地毯

装饰元素 ｜ 布艺硬包 + 铜质壁灯

装饰元素 ｜ 留白装饰画 + 装饰花艺

装饰元素 ｜ 布艺软包 + 艺术玻璃

装饰元素 │ 牛骨相框 + 永生花艺套装

装饰元素 │ 创意床头吊灯 + 布艺硬包床头墙

装饰元素 │ 金属台灯 + 艺术墙纸

DESIGN TIPS

历史悠久
的中式花艺

中式花艺历史悠久，早在两千年前就已有原始雏形，尤其在宫廷贵族中极为流行。明朝是中式插花艺术的鼎盛时期，在技艺和理论上都已十分成熟完善，风格上强调自然的抒情、淡雅明秀的色彩以及简洁的造型。中国近代由于战乱等诸多因素，插花艺术在民间基本消失。一直到近几年来，随着国民经济的发展以及人们对家居装饰审美需求的提高，插花艺术逐渐受到了人们的重视。

装饰元素 │ 艺术墙纸 + 金属线条

DESIGN TIPS

营造诗情画意
的花鸟图墙纸

花鸟图墙纸常被运用在沙发背景墙、床头背景墙等墙面。在家居的墙面空间搭配花鸟图墙纸，可以提升整体环境的鲜活气氛。清雅的花鸟画墙纸，悠然地吐着芬芳，彰显出独有的东方美韵。中式花鸟画墙纸一般以富贵的黄色为底色，题材以鸟类、花卉等元素为主，其犹如诗情画意的美感瞬间点亮了整个空间，并将千年的底蕴流转成令人痴迷的中式风尚。

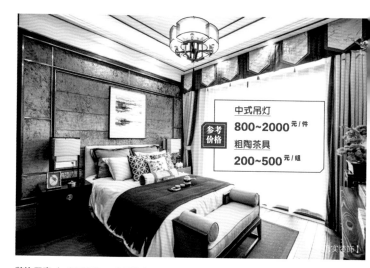

中式吊灯 **800~2000**元/件

参考价格

粗陶茶具 **200~500**元/组

【居实装饰】

装饰元素 │ 皮质硬包 + 金属线条

【宁洁设计】

装饰元素 │ 艺术壁画 + 创意床头吊灯

装饰元素 │ 水墨山水图案壁画 + 顶面木线条走边

装饰元素 │ 陶瓷台灯 + 中式挂落

装饰元素 ｜ 刺绣硬包 + 叠级吊顶

装饰元素 ｜ 布艺硬包 + 组合装饰挂画

装饰元素 ｜ 木格栅
　　　　　 + 陶瓷茶具

装饰元素 ｜ 留白装饰挂画 + 陶瓷小鸟摆件

装饰元素 ｜ 陶瓷台灯 + 刺绣布艺软包

装饰元素 ｜ 木地板贴顶 + 木花格贴银镜

装饰元素 ｜ 水墨图案地毯 + 铜制仙鹤摆件

装饰元素 ｜ 布艺软包 + 木质顶面造型

装饰元素 ｜ 水墨山水图案壁画 + 卷草纹样地毯 + 拼花木地板

装饰元素 ｜ 木线条装饰框 + 墙纸

参考
价格

350~600元/个

【奥讯设计】

装饰元素 ｜ 中式台灯
＋ 陶瓷鼓凳

【同心同盟装饰设计】

装饰元素 ｜ 裂纹釉花器 ＋ 金属茶具

【陈点空间设计】

装饰元素 ｜ 陶瓷落地花瓶 ＋ 布艺硬包

【陈君／顾华 设计】

装饰元素 ｜ 布艺硬包 ＋ 金属线条

【杜文彰装饰设计】

装饰元素 ｜ 石膏板吊顶暗藏灯带 ＋ 长幅山水画

参考价格

【品辰设计】

装饰元素 │ 木花格 + 陶瓷台灯

【IDEAL 陈设艺术】

装饰元素 │ 实木相框 + 挂盘壁饰

【星韬设计】

装饰元素 │ 木雕摆件 + 水墨画硬包

【马克室内设计创意机构】

装饰元素 │ 中式床头台灯 + 黑色木线条扣墙纸

【刘卫军设计】

装饰元素 │ 水墨纹样地毯 + 陶瓷花器

【栖丞室内设计】

装饰元素 │ 装饰花艺 + 图案地毯

装饰元素 | 花鸟图案地毯 + 拼花木地板

装饰元素 | 回纹图案抱枕 + 布艺硬包 + 木格栅

装饰元素 | 艺术壁画 + 拼花木地板

装饰元素 | 艺术壁画 + 花梨木饰面板

装饰元素 | 装饰挂画 + 刺绣硬包

装饰元素 | 花鸟图案墙纸 + 水墨山水壁画

装饰元素 | 艺术墙纸 + 金属线条装饰框

04

中式风格
书房

— DESIGN —
TIPS

中式风格书房
设计要点

中式风格书房空间的设计应以实用性为主。因此在总体设计上应充分考虑到简单的陈设布置以及明亮充足的光线。为达到更好的效果,中式风格的书房空间在照明、配色、装饰品等方面都应采取合理的搭配方式。简单明了的设计,不仅能让书房空间集优雅大方、实用舒适为一身,还能减轻学习和工作时的压力。

参考价格 门环装饰画
500~1500元/套

【香港方黄设计】

装饰元素 | 门环装饰画 + 墙纸

【元柏建筑设计】

装饰元素 | 布艺软包背景墙 + 佛手摆件

装饰元素 ｜ 陶瓷鼓凳 + 中式布艺吊灯

装饰元素 ｜ 嵌入式书柜 + 木质艺术墙饰

装饰元素 ｜ 圈椅 + 陶瓷茶具

装饰元素 ｜ 中式山水壁画 + 灯笼造型吊灯

装饰元素 ｜ 中式铜质吊灯 + 毛笔架摆件

装饰元素 │ 装饰木梁 + 陶瓷花器

装饰元素 │ 装饰挂画 + 水墨纹样地毯

装饰元素 │ 装饰挂画 + 鸟笼吊灯

装饰元素 │ 陶瓷画缸 + 灯笼造型吊灯

装饰元素 │ 陶瓷鼓凳 + 金属摆件

中式风格书房
灯饰搭配要点

书房灯饰搭配的第一条原则就是简单大方，由于一般家庭的书房面积不会很大，如果搭配体量过大、造型过于复杂的灯饰，容易给人带来压迫感，从而影响工作或者学习效率。中式风格书房除主灯的设置外，还可以为书桌搭配一盏台灯，不仅能为学习工作时提供更好的照度，还能让书房空间显得更加大方时尚。

【星翰设计】

装饰元素 ｜ 木花格隔断 ＋ 陶瓷花器

【壹舍设计】

装饰元素 ｜ 银镜 ＋ 墙面搁板

【IDEAL 艾迪尔设计】

装饰元素 ｜ 定制展示柜 ＋ 铜马摆件

【纳沃设计】

装饰元素 ｜ 装饰盆景 ＋ 布艺软包

中式吊灯
参考价格
1200~2200
蜡梅仿真花
30~80元/枝

装饰元素 ｜ 中式吊灯 + 蜡梅仿真花

参考价格 古建造型书挡 250~350元/幅

【天鼓设计】

装饰元素 ｜ 古建造型书挡 + 陶瓷摆件

【名居设计机构】

装饰元素 ｜ 定制展示柜 + 伞形木质吊灯

【居实家布】

装饰元素 ｜ 毛笔架 + 回纹图案窗帘

【石头兄弟设计】

装饰元素 ｜ 定制书柜 + 金属摆件

【太谷设计】

装饰元素 ｜ 枯木摆件 + 全毛搭毯

装饰元素 ｜ 定制展示柜 + 佛手摆件

DESIGN — TIPS

白色营造禅意
中式书房空间

在中式风格的书房空间用白色作为整体配色，能给人一种冷静而富有智慧的感觉。白色既有高贵沉稳的特点，也有着明亮舒适的特性。任何让人烦恼的事情在白色的渲染下，都可以趋于平静。白色能为书房空间带来低调的静谧感，像是混沌世界里的一股清流，带人冲破未知的迷途。

根雕台灯
380~600元/盏
毛笔架
50~120

装饰元素 ｜ 根雕台灯 + 毛笔架摆件

【大集设计】

装饰元素 ｜ 陶瓷摆件 + 艺术墙饰

【壹舍设计】

装饰元素 ｜ 顶面金属线条装饰框 + 金属树枝摆件

中式风格
装饰画的搭配要点

中式风格家居空间的装饰画应秉持宁精勿多的原则。一般能用装饰画在一个空间环境里制造出一到两个视觉焦点就已足够。例如在书房的墙面挂上一幅装饰画，把整个墙面作为背景，让装饰画成为视觉的中心。此外，除非是设计一幅能够遮盖住整个墙面的装饰画，否则就要注意画面与墙面大小的比例是否协调，并在周围做出适当的留白。

【大观·自成设计】

装饰元素 │ 陶瓷白马摆件 + 抽象图案墙纸

【名居设计机构】

装饰元素 │ 艺术壁画 + 树脂材质落地灯

【创域设计】

装饰元素 │ 装饰挂画 + 玻璃隔断

【大集空间设计】

装饰元素 │ 金属置物架 + 铜质台灯

参考价格

唐三彩台灯
550~850 元/盏

圆形地毯
450~800 元/张

【GND设计】

装饰元素 ｜ 唐三彩台灯 + 圆形地毯

参考价格 扇形陶瓷摆件
350~750 元/套

装饰元素 ｜ 扇形陶瓷摆件 + 千鸟格图案搭巾

装饰元素 ｜ 极简球形台灯 + 墙纸贴顶

装饰元素 ｜ 白色将军罐 + 几何图案抱枕

装饰元素 ｜ 艺术挂画 + 简约造型台灯

装饰元素 | 定制书柜暗藏灯带 + 黄色单人休闲椅

装饰元素 | 天青色将军罐台灯 + 多层水晶吊灯

装饰元素 | 铜质台灯 + 盆景摆件

装饰元素 | 装饰挂画 + 陶瓷摆件

装饰元素 | 创意吊灯 + 仿石材地砖

装饰元素 | 官帽椅 + 陶瓷摆件

DESIGN TIPS

书法墙纸彰显
高雅的中国文化

在中式风格的书房空间中使用书法墙纸，可以营造出文雅清高的氛围。流畅且富有美感的书法线条，彰显着东方神韵。曼妙的字体，为空间勾勒出点睛之笔，并于字里行间透露出对生活的感慨和牵绊。此外，还可以让梅、兰、竹、菊等富有中式风韵的元素出现在书法墙纸上作为点缀，不仅丰富了墙面空间，还体现出中华文化的包容与丰富。

装饰元素 ｜ 定制展示柜 + 陶瓷摆件

装饰元素 ｜ 圆形装饰挂画 + 银箔贴顶

装饰元素 ｜ 松树盆景 + 木质圆几

【名居设计机构】

【宁洁设计】

【微塔空间设计】

装饰元素 ｜ 云朵造型吊灯 + 根雕摆件

装饰元素 ｜ 中式书桌台灯 + 陶瓷摆件

装饰元素 ｜ 根雕造型毛笔架 + 琵琶摆件

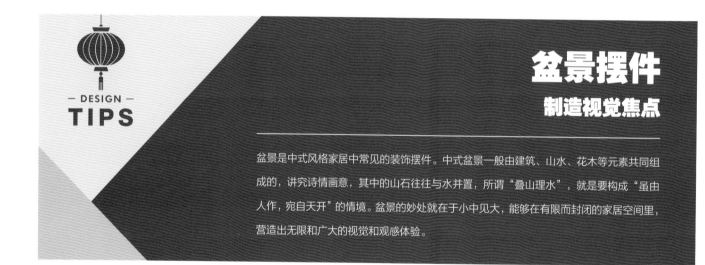

— DESIGN —
TIPS

盆景摆件
制造视觉焦点

盆景是中式风格家居中常见的装饰摆件。中式盆景一般由建筑、山水、花木等元素共同组成的，讲究诗情画意，其中的山石往往与水并置，所谓"叠山理水"，就是要构成"虽由人作，宛自天开"的情境。盆景的妙处就在于小中见大，能够在有限而封闭的家居空间里，营造出无限和广大的视觉和观感体验。

【�装饰设计】

装饰元素 ｜ 羊皮纸吊灯 + 陶瓷茶具

装饰元素 ｜ 首饰盒 + 浮雕石片铁艺摆件

装饰元素 ｜ 六折屏风 + 中式落地灯

装饰元素 ｜ 定制展示柜 + 陶瓷摆件

装饰元素 ｜ 鸟笼吊灯 + 定制展示柜

装饰元素 ｜ 兽皮地毯 + 实木地板

装饰元素 ｜ 艺术壁画 + 博古架

装饰元素 ｜ 金属展示架 + 圆洞窗

05

中式风格
餐厅

DESIGN
TIPS

中式风格餐厅
的灯饰搭配

在相对独立且静谧的中式风格餐厅空间
里，可以利用灯具落差的变化，达到调
节气氛的作用，同时打破常规的设计手
法，营造出时尚而颠覆传统的新中式餐
厅格调。此外，餐厅灯饰在空间面积允
许的情况下，最好设置在餐厅的正中间，
并应与餐桌形成造型或配色上的呼应，
以营造出大气统一的空间感。

参考价格 仿真花木摆件
400-850

【品辰设计】

装饰元素 ｜ 仿真花木摆件 + 装饰挂画

【S.U.N 设计】

装饰元素 ｜ 装饰挂画 + 陶瓷花器

装饰元素 ｜ 嵌入式餐边柜 + 将军罐摆件

装饰元素 ｜ 根雕摆件 + 墙纸贴顶

装饰元素 ｜ 扇形金属墙饰 + 鸟笼吊灯

装饰元素 ｜ 组合式餐边柜 + 陶瓷花器

装饰元素 ｜ 装饰挂画 + 墙纸

装饰元素 ｜ 铜质吊灯 + 装饰花艺

装饰元素 ｜ 立体鲤鱼墙饰 + 拼花木地板

装饰元素 ｜ 仿石材地砖 + 金属摆件

装饰元素 ｜ 仿石材地面 + 松树盆景

装饰元素 ｜ 折扇挂件 + 米黄色地砖

装饰元素 ｜ 顶面金色木花格 + 回纹图案波打线

装饰元素 ｜ 装饰花艺 + 装饰挂画

DESIGN
TIPS

中式风格
餐桌的搭配重点

在中式风格的餐厅中，选择大方美观的餐桌椅有利于营造家居空间的温馨氛围。传统的中式餐桌椅一般由纯实木制作而成，不仅极富古典韵味，还透露着自然淳朴的气息。随着时代的进步以及迎合现代人的审美观念，传统实木餐桌椅也进行着变革。不但在造型上更具现代感，在功能上也日趋完善和人性化，使其与现代流行的家居元素能相互映衬融合。

参考价格 | 将军罐 200~450 元/个

【昱翰设计】

装饰元素 ｜银镜 + 木饰面板

【品辰设计】

装饰元素 ｜ 皮质餐椅 + 装饰花艺

【SUN 设计】

装饰元素 ｜不锈钢线条装饰框 + 装饰挂画

【共生形设计】

装饰元素 ｜顶面木线条走边 + 陶瓷花器

中式风格餐厅
的圆桌尺寸选择

圆桌可以方便使用餐者对话，人多时可以轻松挪出位置，同时在中国传统文化中具有圆满和谐的美好寓意。在一般中小型住宅，如用直径 120cm 餐桌，常嫌过大，可定做一张直径 114cm 的圆桌，同样可坐 8-9 人，但看起来空间较宽敞。如果用直径 90cm 以上的餐桌，虽可坐多人，但不宜摆放过多的固定椅子。

【品辰设计】

装饰元素 ｜ 多层水晶吊灯 + 鸟笼摆件

【付雨鑫设计】

装饰元素 ｜ 创意藤编吊灯 + 银色金属花器

【壹举设计】

装饰元素 ｜ 水晶吊灯 + 装饰花艺

装饰元素 ｜ 窑变花器
　　　　 ＋ 棉质桌旗

【宁语设计】

【GND设计】

装饰元素 ｜ 陶瓷鹦鹉摆件 ＋ 装饰挂画

装饰元素 ｜ 中式花艺 ＋ 羊皮纸吊灯

装饰元素 ｜ 陶瓷花器 + 刺绣硬包

装饰元素 ｜ 银箔贴顶 + 大理石波打线

装饰元素 ｜ 大理石雕刻回纹图案 + 拼花地砖

装饰元素 ｜ 装饰木梁 + 木花格 + 拼花地砖

装饰元素 ｜ 金色木花格隔断 + 瓷盘摆件

装饰元素 ｜ 中式屏风 + 仿石材地砖

装饰元素 ｜ 嵌入式展示柜 + 多层波打线地面

装饰元素｜创意吊灯 + 枯山水摆件

— DESIGN —
TIPS

镜面和木饰面
在中式风格餐厅中的应用

在中式风格的餐厅背景墙上采用镜面和木饰面作为搭配，能使整个餐厅空间显得稳重且带有一点活泼的感觉。此外，镜面的反射作用不仅延伸了整体空间的视觉，而且还提升了餐厅的采光。需要注意的是，镜面和木饰面的结合设计，在施工中要注意充分考虑镜子和木饰面板的厚度。此外，镜子最好比木饰面板凹进 1mm 左右，这样的收口会显得比较美观。

参考价格 鸟笼吊灯 350~850 元/盏

【曹建元设计】

装饰元素｜鸟笼吊灯 + 立体蝴蝶墙饰

装饰元素｜创意吊灯 + 枯山水摆件

装饰元素｜水晶吊灯 + 艺术壁画

原木营造

雅致自然的中式家居

在众多的自然材质中，原木是中式风格空间最为常见及使用最广的材料。原木的运用让中式家居显得静谧低调，雅致自然，并于沉稳中透露着高贵的气息。在中式风格中，木系元素的使用涵盖范围十分广泛，常运用于地面、墙面、顶面、家具和软装饰品上，在色泽上也以原木本色为主。

参考价格 麻绳仿真花壁饰 70~250 元/个

装饰元素 | 鱼形吊灯 + 麻绳仿真花壁饰

【杜文彪装饰设计】

装饰元素 | 墙纸 + 金属线条 + 创意金属吊灯

【元柏建筑设计】

装饰元素 | 微晶石背景墙 + 装饰挂画

【印尚设计】

装饰元素 | 立体蝴蝶墙饰 + 大理石地面

装饰元素 ｜ 艺术壁画 + 墙面搁板

装饰元素 ｜ 马赛克背景墙 + 石膏板勾黑缝

装饰元素 ｜ 蓝色布艺硬包 + 木饰面板拼花装饰背景

装饰元素 ｜ 顶面木线条走边 + 墙纸 + 装饰挂画

装饰元素 ｜ 中式铜质吊灯 + 艺术壁画

装饰元素 ｜ 墙布 + 回纹图案波打线

参考价格 | 实木花格隔断
1800~2500元/㎡

装饰元素 | 实木花格隔断 + 山水图案桌旗

【壹挚设计】

装饰元素 | 立体墙饰 + 金属线条装饰框

装饰元素 | 粗陶摆件
+ 微晶石背景墙

【共向设计】

装饰元素 ｜ 水晶吊灯 + 根雕摆件

水晶吊灯
参考价格 1800~3500 元/盏

— DESIGN —
TIPS

留白装饰画
渲染唯美意境

装饰挂画是提升中式风格气质的绝佳装饰品。其绘画内容一般采取大量留白，渲染唯美诗意的意境。画作的选择与周围环境的搭配非常关键，选择色彩淡雅，题材简约的装饰画，无论是单个欣赏还是搭配花艺等陈设都能美成清雅含蓄的散文诗。此外，花鸟元素也是新中式风格常运用的绘画题材，不仅将中式的美感展现得淋漓尽致，而且整体空间因其丰富的色彩变得瑰丽唯美。

【品川设计】

装饰元素 ｜ 麻质地毯 + 花鸟图案硬包

【游小华设计】

装饰元素 ｜ 留白装饰画 + 鸟笼吊灯

装饰元素｜装饰挂画 + 陶瓷花器

装饰元素｜木格栅隔断 + 波打线

装饰元素｜多层造型吊灯 + 陶瓷花器

装饰元素｜装饰木梁 + 仿石材地砖

装饰元素｜嵌入式餐边柜 + 装饰花艺

装饰元素｜石膏浮雕 + 回纹图案波打线

DESIGN TIPS

新中式风格
餐边柜搭配要点

新中式风格宜搭配简洁大方，又不失古韵之美的餐边柜。比如带有回纹、云纹等图案的柜体，能更好地体现出中华民族的传统文化。柜体上可搭配水墨画、瓷器等中式元素，并放置一些绿植，以丰富视觉效果。此外，在摆设上要注重位置的构图关系，例如以三角形、S形等不同方式的摆放，不仅可以形成不同的装饰效果，而且能让空间显得更加协调。

装饰元素 | 金色烛台 + 木花格隔断

装饰元素 | 树脂摆件 + 木花格隔断

装饰元素 | 月洞门造型 + 定制展示柜

中式古典意韵
的桌布与桌旗

中式风格的桌布面料多采用织锦缎。常使用如青花、福禄寿喜等具有中国传统特色的纹样以及图案，流露出中国特有的古典意韵。如果搭配桌旗，则多用传统的绸缎布面，刺绣大花以红色、紫色等颜色为主，再缀以金色流苏，让人赏心悦目。

【尚策设计】

装饰元素 | 石膏板造型 + 黑镜

【品川设计】

装饰元素 | 布艺硬包 + 波打线

参考价格

桌旗
80~180 元/条

将军罐台灯
450~700 元/件

【品川设计】

装饰元素 | 桌旗 + 将军罐台灯

装饰元素 ｜ 中式屏风 + 水晶吊灯　　　　　　　　　**装饰元素** ｜ 魔豆吊灯 + 装饰挂画

装饰元素 ｜ 仕女抚琴摆件 + 展示架隔断　　　**装饰元素** ｜ 金色烛台 + 留白装饰画　　　**装饰元素** ｜ 中式纹样靠枕 + 仿石材地砖

装饰元素 ｜ 羊皮纸吊灯 + 艺术壁画

装饰元素 ｜ 月洞窗造型 + 粗陶花器

装饰元素 ｜ 木质餐桌 + 仿古砖地面

装饰元素 ｜ 玻璃花器 + 皮质餐椅

装饰元素 ｜ 石膏板吊顶勾黑缝 + 多层波打线

装饰元素 ｜ 定制餐边柜 + 仿古砖地面

装饰元素 ｜ 佛头摆件 + 青花瓷将军罐

装饰元素 ｜ 灰色石材背景墙 + 留白装饰画

装饰元素 ｜ 玻璃花器 + 顶面金色线条走边

装饰元素 ｜ 金属线条装饰框 + 仿石材地面

装饰元素 ｜ 石膏浮雕 + 艺术壁画

装饰元素 ｜ 铜质多头吊灯 + 装饰花艺

装饰元素 ｜ 环形吊灯 + 定制餐边柜

装饰元素 ｜ 艺术壁画 + 羊皮纸吊灯

装饰元素 ｜ 鹿造型摆件 + 羊皮纸吊灯

装饰元素 ｜ 石膏板勾缝 + 木纹地砖

装饰元素 ｜ 橡木饰面板 + 波打线

装饰元素 ｜ 铜制吊灯 + 陶瓷花器

【马克室内设计创意机构】

装饰元素 ｜ 嵌入式餐边柜 + 木雕屏格隔断

【飞视设计】

装饰元素 ｜ 仿大理石墙面 + 粗陶茶具

装饰元素 ｜留白装饰挂画
+ 水墨纹样地毯

【徐树仁设计】

装饰元素 ｜ 莲蓬摆件 + 组合铁艺吊灯

装饰元素 ｜ 创意吊灯 + 装饰花艺

装饰元素 ｜ 实木地板 + 水墨纹样地毯

装饰元素 ｜ 圆形装饰画 + 水晶摆件

装饰元素 ｜ 玻璃花器 + 陶瓷骏马摆件

装饰元素 ｜ 仿石材地砖 + 大理石波打线

装饰元素 ｜ 花鸟图案墙纸 + 回纹图案波打线

装饰元素 ｜ 铜质吊灯 + 多层波打线

装饰元素 ｜ 魔豆吊灯 + 仿石材地砖 + 波打线

装饰元素 ｜ 彩色仿古砖波打线 + 实木餐边柜

装饰元素 ｜ 玻璃护栏 + 装饰花艺

06

中式风格
茶室

— DESIGN —
TIPS

中式风格茶室
类型

在家中打造一间清新雅致的茶室，不必燃一线香，只要沏壶好茶，就能在行云流水的琴音中体会淡泊的心境。传统中式风格茶室常呈现出"此时无声胜有声"的意境，因此无论是木质的色彩还是流畅优雅的空间线条，都给人一种宁静致远的感觉。新中式风格茶室的装修讲究营造古今融合的韵味，从传统茶文化出发，加以现代形式的设计，完美地烘托出中式茶韵返璞归真的内涵。

参考价格　蒲团　80~120　合　粗陶花器　120~300

【嘉亚曦设计】

装饰元素｜粗陶花器 + 蒲团

【壹挚设计】

装饰元素｜装饰挂画 + 蒲团

装饰元素 ｜ 装饰挂画 + 陶瓷茶具

装饰元素 ｜ 地台座椅 + 木质围棋罐

装饰元素 ｜ 加厚蒲团
+ 粗陶茶具

装饰元素 | 鸟笼吊灯 + 中式屏风

装饰元素 | 木格栅隔断 + 金蟾摆件

装饰元素 | 中式山水挂画 + 仿石材地面

装饰元素 | 木格栅隔断 + 根雕茶桌

装饰元素 | 根雕茶台 + 仿古砖地面

装饰元素 | 月洞门造型 + 木花格隔断

装饰元素 | 烛台落地灯 + 陶瓷茶具

装饰元素 | 竹叶壁饰 + 布艺硬包

【微塔空间设计】

参考价格

根雕绿植摆件
200~400 元/件

佛头摆件
200~350 元/件

装饰元素 ｜ 根雕绿植摆件 + 佛头摆件

【刘卫军设计】

参考价格

边几
550~800 元/张

陶瓷花器
200~350 元/件

装饰元素 ｜ 边几 + 陶瓷花器

【曹建元设计】

参考价格

禅修垫
30~80 元/个

装饰元素 ｜ 修禅垫 + 艺术挂画

【宇洁设计】

参考价格

布艺灯笼
90~180 元/个

中式手绘屏风
800~1800 元/圈

装饰元素 ｜ 布艺灯笼 + 中式手绘屏风

【品辰设计】

参考价格

莲花烛台
80~120 元/个

蝴蝶蓝花艺套装
180~350 元/件

装饰元素 ｜ 莲花烛台 + 蝴蝶兰花艺套装

【微塔空间设计】

装饰元素 ｜ 树枝画框 + 榆木炕桌

— DESIGN —
TIPS

中式风格茶室
应考虑整体设计

中式风格的茶室常以原木的柜体、桌椅来表现对自然的向往，而且在细节上不经打磨装饰，完全地表露出其古朴优雅的一面，自然随意并给人一种禅意之美。在装饰元素上，可以搭配令人心旷神怡的绿色盆栽以及古色古香的紫砂陶瓷，营造出一种温婉和谐的茶室空间氛围。此外，中式风格的茶室装修，不仅仅是焚香、插花、挂画等元素的堆积，而且要从整体风格、空间布局以及灯光装饰等方面出发，营造出一种从日常生活中脱离出来的意境，让人充分体会到中式茶道的独有情怀。

【胡中维设计】

装饰元素 ｜ 竹质收纳搁架 + 陶瓷茶具

【胡中维设计】

装饰元素 ｜ 做旧木质茶桌 + 圈椅

装饰元素｜功夫茶桌椅
＋大理石隔断墙

【徐树仁设计】

— DESIGN —
TIPS

古典中式风格茶室
的设计要点

古典中式风格的茶室空间，由于会在室内大量使用古典中式元素以及浓郁的古朴色彩。让整个空间显得庄重而优雅，并且呈现出浓郁的厚重感。仿佛穿越了深邃的人生意境。还可以为空间搭配天然且未经加工具有质感纹理的木头作为茶桌和茶椅，在光影效果的映射下，自然而清新。自然元素的出现，不仅减轻了古典中式空间的厚重感，而且让茶室空间在视觉上显得更加丰富。

【宁洁设计】

参考价格　根雕茶桌
8000~12000元/张

【益善堂设计】

装饰元素｜羊皮吊灯＋水墨纹样地毯

装饰元素｜根雕茶桌＋根雕装饰摆件

装饰元素 ｜ 墙纸贴顶 + 仿古砖地面

装饰元素 ｜ 陶瓷鼓凳 + 实木地板

装饰元素 ｜ 树藤工艺品摆件 + 陶瓷花器

装饰元素 ｜ 中式屏风 + 鸟笼吊灯

装饰元素 ｜ 仿古砖地面 + 陶瓷画缸

装饰元素 ｜ 金属鼓凳
＋ 艺术墙饰

【圣易文设计】

【大向室内设计】

装饰元素 ｜ 布艺硬包 ＋ 装饰挂画

装饰元素 ｜ 陶瓷香薰炉 ＋ 艺术壁画

装饰元素 ｜ 留白装饰画 + 收纳搁架

【伶居装饰设计】

装饰元素 ｜ 陶瓷花器 + 陶瓷摆件

【鸣石设计】

装饰元素 ｜ 自在钩悬挂式茶壶 + 小叶紫檀造型盆景

【伶居装饰设计】

装饰元素 ｜ 佛头摆件 + 木格栅

【天恒装饰设计】

装饰元素 ｜ 竹质搁架 + 做旧工艺长凳

【胡中维设计】

装饰元素 ｜ 定制展示柜 + 茶具摆件

十

中式风格
卫浴间

— DESIGN —
TIPS

中式风格卫浴间
饰品搭配

传统中式的装修风格设计融合着庄重和
优雅的双重品质，即使是其卫浴间的装
饰也十分讲究古典美感与优雅气质。想
要在空间里体现出中式风格的独特韵味，
往往需要在装饰设计的细节上下功夫。
中式风格的卫浴间中，或多或少会融入
中式设计元素，比如卫浴间内的饰品搭
配，适当点缀能代表中式风格的摆件、
装饰图案等，就能让空间的装饰主题更
为强烈。此外，还可以搭配有中式特色
的收纳柜、中式古典风格的装饰画等，
以营造出古典端庄的空间气质。

【生形态设计】

装饰元素 ｜ 仿石材墙砖 + 装饰风灯

参考价格
陶瓷鼓凳
200~350元/个

【奥迅设计】

装饰元素 ｜ 鸟笼吊灯 + 陶瓷鼓凳

装饰元素 ｜ 回纹图案腰线 + 拼花地砖

装饰元素 ｜ 无车边镜 + 仿石材地面

装饰元素 ｜ 仿石材墙砖 + 装饰挂画

装饰元素 ｜ 仿石材地砖 + 玻璃隔断

装饰元素 ｜ 墙面挂架 + 木花格

装饰元素 ｜ 文化砖墙 + 仿古砖地面

装饰元素 ｜ 仿石材墙面 + 装饰挂画

装饰元素 ｜ 装饰挂画 + 椭圆形装饰镜

装饰元素 ｜ 实木盥洗台 + 仿石材墙砖

装饰元素 | 多层石膏板吊顶 + 仿石材墙砖

【奕尚空间设计】

装饰元素 | 仿石材墙砖 + 玻璃隔断

- DESIGN -
TIPS

中式风格卫浴间
照明设计

为中式风格的卫浴间墙面搭配两盏饱含中式特色的装饰壁灯，再加之以大面积的深色作为映衬，能让整体空间显得幽静而神秘。如果卫浴间里没有设置主光源，则可以考虑在顶面一侧加装隐藏式灯带，这样不仅能承托出中式风格的清幽和静雅，还有助于营造出卫浴间的私密氛围。

参考价格 | 仿真花艺 25~30

【奕尚空间设计】

装饰元素 | 马赛克背景墙 + 仿石材地面 + 仿真花艺

装饰元素 | 玻璃隔断 + 仿木纹墙砖

装饰元素 | 香薰摆件 + 木花格隔断

装饰元素 | 玻璃隔断 + 仿石材墙砖

装饰元素 | 墙面壁龛 + 仿石材墙砖

— DESIGN —
TIPS

新中式风格卫浴间
色彩搭配

新中式风格卫浴间的配色强调统一性和融合感，因此一般会采用同色调进行搭配。此外，也可适当搭配点缀色，让卫浴间的环境更为灵动。在搭配点缀色时，必须控制好色彩的面积，而且应选择淡雅并具有清洁感的颜色，如白色、淡黄色、淡蓝色、淡青色、淡绿色等。淡色的点缀，能给人耳目一新，清新自然的视觉感受。

装饰元素 ｜ 百叶帘 + 马赛克拼花背景墙

装饰元素 ｜ 马赛克拼花背景墙 + 云石吊灯

装饰元素 ｜ 墙面壁龛 + 木质盥洗台

装饰元素 ｜ 罗马帘 + 仿石材地砖

装饰元素 ｜ 木花格 + 石材盥洗盆

参考
价格 | 灯笼烛台
200~550 元/组

【纳沃设计】

装饰元素 | 灯笼烛台
+ 仿洞石墙面

【品格室内设计】

装饰元素 | 极简球形吊灯 + 装饰花艺

【纳沃设计】

装饰元素 | 墙面搁架 + 陶瓷花器

装饰元素｜彩绘玻璃 + 仿石材地砖

中式实木台盆柜
选择要点

很多中式风格的卫浴间会采用实木材质的台盆柜。天然环保，具有非常好的观赏性，这是其他材质所不能比拟的。在选择这种类型的台盆柜时，需要确定的是卫浴间必须干湿分区或者有单独淋浴房，因为实木材质比较容易受到潮气的侵扰，时间长了柜体会产生开裂、霉变等问题。

装饰元素｜艺术吊灯 + 仿大理石墙砖

装饰元素｜银箔贴顶 + 铜质吊灯

【创域设计】

装饰元素 | 木花格＋陶瓷鼓凳

【SUN设计】

装饰元素 | 木纹砖＋波打线

【颐居装饰设计】

装饰元素 | 仿大理石墙砖＋玻璃隔断